_____ 에게

_____ 드림

내 남자의

요리책

내 남자의
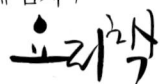
요리책

2013년 11월 01일 1판 1쇄 인쇄
2013년 11월 07일 1판 1쇄 펴냄

**지은이** 권향자
**펴낸이** 구모니카

**마케팅** 신진섭
**디자인** 현서영
**제 작** 양만익

**사진촬영** 권순섭
**스타일링** 김미정, 김승현
**어시스트** 박선화

**펴낸곳** M&K
**등 록** 제7-292호 2005년 1월 13일
**주 소** 서울시 마포구 서교동 393-5 화승리버스텔 1002호
**전 화** 02-323-4610
**팩 스** 02-323-4601
**E-mail** nikaoh@hanmail.net

ISBN 978-89-92947-52-7 13590

이 도서의 국립중앙도서관 출판시도서목록(CIP)은
서지정보유통지원시스템 홈페이지(http://seoji.nl.go.kr)와
국가자료공동목록시스템(http://www.nl.go.kr/kolisnet)에서
이용하실 수 있습니다. (CIP제어번호: CIP2013021410)

**M&Kitchen**은 **M&K**의 요리책 브랜드입니다.
행복한 요리, 즐거운 식탁 프로젝트를 통해
요리하는, 건강한 대한민국을 만들려 합니다.

그녀를 감동시킬 94가지 시크릿레서피

# 내 남자의
# 요리책

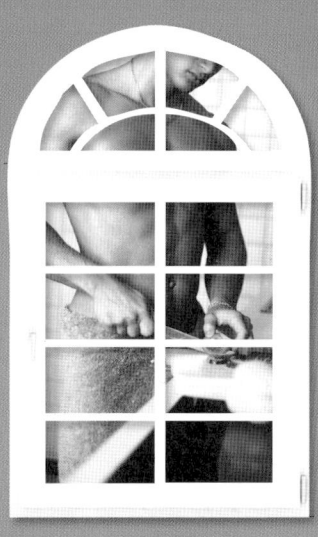

**권향자** 요리하고 글씀

**M&Kitchen**

고된 하루를 마치고 집으로 돌아왔을 때 어머니나 아내가 저녁을 준비하는 모습을 보고서 저절로 입가에 흐뭇한 미소가 번진 경우가 있을 것이다. 거꾸로 여성들 역시 사랑하는 누군가를 위해 요리하면서 무엇과도 비교할 수 없는 행복을 느낀다.

그러나 요즘에는 요리에 대한 관심과 역할의 폭이 무척 넓어져서 요리를 여성의 활동 영역에만 국한하는 사람은 없다. 하지만 아무리 트렌드라 할지라도 요리라는 것이 마음만 있다고 뚝딱 해낼 수 있는 일은 아니다.

처음부터 너무 높은 산은 바라보기만 해도 힘이 들고 사기를 꺾어 놓는다. 마찬가지로 요리에 대한 관심과 의욕이 생겼어도 너무 화려하고 어려운 요리부터 시작하려 한다면 지레 지쳐 손을 놓아버리고 말 것이다.

이 책은 요리를 어디서부터 어떻게 시작해야할지, 우선 어디에 손을 뻗어야할지 모르는 남자들을 돕고 싶다는 생각에서 출발했다. 그래서 요리에 소요되는 시간과 공간, 재료들을 최대한 현실에 맞추어 제시하고 최대한 간단히 설명했다. 재료나 조리법에 한정되지 않고 가까운 마트에서 반조리 제품이나 밑손질이 된 재료를 구입해서 세 단계 안에 요리하도록 구성했다. 또 단순히 레시피를 제공하기 보다는 요리에 대한 흥미와 전반적인 이해를 넓혀 가는 데 초점을 맞추었다. 그래서 요리뿐 아니라 냉장고 활용법, 설거지 노하우 등 남성들이 생소해하는 정보를 함께 엮었다.

남부럽지 않은 밑반찬, 한 끼 식사를 위한 요리, 여행지에서 활용할 수 있는 요리, 술안주가 필요하거나 누군가를 위로하고플 때 필요한 요리 등 상황에 따른 메뉴를 구성해서 365일 전천후로 활용될 수 있도록 했다. 주변에서 쉽게 이용할 수 있는 재료와 기구를 이용하기에 남성뿐 아니라 요리 초보라면 누구라도 따라 해서 자신과 가족을 위한 셰프가 될 수 있다.

끝으로 이 책을 준비하면서 많은 조언과 도움을 아끼지 않은 동료와 선후배들, 늘 든든하게 지지해주는 남편, 사랑하는 아들 정근이와 딸 정인이에게 감사의 말을 전하고 싶다. 여러 사람과 함께 음식을 나누며 쌓는 덕이 최고의 덕이라는 말이 있다. 이 책을 통해 많은 독자가 요리로 진심을 소통하면서 기쁨과 보람을 느끼기 바란다.

2013.10.
권향자

# CONTENTS

# 1 frying pan cooking

후 라 이 팬 하 나 로 요 리 끝

# CONTENTS

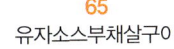
**65**
유자소스부채살구이

**67**
쇠고기안심스테이크

**69**
불고기버섯샐러드

리코타치즈샐러드
**71**

두반장즉석야채피클
**73**

# CONTENTS

# 3 Lunch for an important person

소 중 한  이 를  위 한  도 시 락

**87**
충무김밥

**89**
닭날개유자조림

참치단무지컵케익밥
**91**

폭탄주먹밥
**93**

 CONTENTS

# ⫘ CONTENTS

# 5 Homemade dish

술 안 주 가 　필 요 할 　때

**135**
시금치딥소스피자

**137**
옥수수버터구이

**139**
황도&레몬에이드

타이풍누들샐러드
**141**

오코노미야끼
**143**

돈족냉채
**145**

# CONTENTS

# 6 Canned food

바쁜 당신을 위한 통조림 요리

| 161 | 163 | 165 |
|---|---|---|
| 떠먹는두부샐러드 | 깻잎쌈밥 | 꽁치김치조림 |

흑미무수비김밥
167

# CONTENTS

# ⁷Perfect Meal

한 끼라도 제대로 먹고 싶을 때

**183**
마파두부

**185**
제육볶음

**187**
뚝배기계란찜

버섯불고기
**189**

오징어볶음
**191**

 CONTENTS

# The Side dish of a week

일 주 일 을 　 책 임 지 는 　 밑 반 찬

**211**
즉석가지지짐

**213**
애호박나물

왕야채계란말이
**215**

견과류멸치볶음
**217**

두부조림
**219**

무생채
**221**

# CONTENTS

# Healing food

아 플 때  위 로 , 기 운 나 는  요 리

| | | |
|---|---|---|
| **239** | **241** | **243** |
| 당근스프 | 감자스프 | 브로콜리스프 |

| | | |
|---|---|---|
| 타락죽 | 배꿀찜 | 가스파쵸 |
| **245** | **247** | **249** |

# 1 frying pan cooking

## 후라이팬 하나로 요리 끝

'
복잡한 건 질색! 설거지도 NoNoNo!
당신을 최고의 요리사로 만들어줄
단 두 가지 아이템!

후라이팬
그리고 아름다운 그녀!
'

칠리새우　데리야끼돼지고기양파볶음　상치유자데리야끼소스조림　해물떡볶이　고구마버터구이
닭고기데파간장조림　로스트포테이토　배추베이컨볶음　감자·고구마조림　단호박범벅

내 남자를 위한 **Advice**

# 요리책에 사용한 5대 기본 조미료

### 간장

조림, 찜, 장아찌 등에 사용한 간장은 시중에 판매되는 진간장이나 양조간장을 일컬으며 국이나 찌개 등에 사용한 간장은 국간장이라고 구분하여 사용한다.

### 설탕

기본적으로 요리에 사용한 것은 백설탕을 기준으로 사용하고 요리마다 특성상 흑설탕이나 황설탕을 사용할 경우는 구분하여 표기했다.

### 식초

요리한 사용한 식초는 양조식초나 현미식초를 사용했지만 요리에 따라 2배식초, 향이 들어간 사과, 감식초 등을 대체하여 사용할 수 있다.

### 소금

일반 정제된 꽃소금을 기본으로 사용했다. 요즘은 여러 가지 기능성과 염도의 차이가 있는 다양한 소금들이 있으니 사용할 때 감안하여 사용한다.

### 식용유

대두유, 옥수수유와 포도씨유는 사용이 가능하다. 올리브유는 샐러드, 파스타 등에 사용하고 일반요리에 사용해도 문제가 없지만 엑스트라버진은 향이 강하므로 간장을 주 양념으로 하는 요리나 주재료의 특성에따라 사용하는 것이 좋다.

# 냉장고에 기본적으로 갖춰있으면 편한 소스

### 초고추장

다양한 초무침과 소스로 활용이 가능하다.
예) 오이무침, 상추무침, 오징어숙회&초무침

### 두반장

중식의 마파두부와 같이 사천식요리의 기본
소스며 우리나라 한식요리에도 많이 활용할 수
있다. 매콤하고 누린내, 비린내를 제거해야 하는
요리에 사용이 가능하다.
예) 닭볶음탕, 제육볶음, 오징어볶음, 생선조림 등.

### 고추기름

집에서도 쉽게 만들 수 있지만 번거롭다면
시판중인 것을 사용하여 매콤한 볶음요리에
사용할 수 있다.
예) 마파두부, 순두부찌개, 낙지볶음 등.

### 칠리소스

새우와 잘 어울리며 또한 동남아요리, 아이들
간식 등에 다양하게 쓰여진다. 요리에 따라
매운맛, 부드러운 단맛을 선택하거나 가미하여
사용하면 쉽게 널리 활용할 수 있다.

### 바비큐소스

등갈비를 이용한 바비큐립이나 육류 등의 구이에
소스만 발라 구우면 초간편 요리로 변신할 수 있다.

### 허브솔트

소금, 후추를 기본으로 다양한 허브 등이 혼합된
것으로 스테이크, 닭, 돼지고기 구이의 밑간에 쉽게
활용할 수 있다.

### 돈까스소스

돼지고기만 있다면 빵가루 씌워 튀겨내 쉽게
집에서도 돈까스를 즐길 수 있다.

### 후리가께

소금과 함께 김가루, 파래가루, 깨 등이 혼합되어
있어 간편한 주먹밥이나 볶음밥 조리시 이용한다.

### 머스타드

토마토케찹만큼이나 다양하게 활용되어서 양식
스타일의 소스에 다양하게 활용되고 있다.
예) 케이준치킨샐러드, 샌드위치 속, 샐러드
드레싱.

### 데리야끼소스

구이, 볶음요리에 다양하게 활용이 가능하고
육류, 생선류 등의 간단한 반찬이나 술안주를
만들 때 주재료 준비만 돼있고 데리야끼소스만
있다면 쉽게 일품요리에 도전할 수 있다.

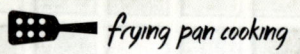 *frying pan cooking*

# 칠리
# 새우

2인분 | 20분

First
## 재료준비

카테일새우 20마리　전분 3~4큰술　브로콜리 50g

**소스** 고추기름 2큰술　다진파 2큰술　오렌지주스 1/2컵
마늘 1큰술　두반장 1큰술　맛술 1큰술　식초 1큰술
칠리소스 3큰술　설탕 3큰술　물녹말 2큰술

칸테일새우에 녹말을 충분히 묻힌 후
팬에 기름을 넉넉히 넣고 새우를 튀기듯 지져낸다.

새우를 꺼낸 팬에 고추기름을 두르고
마늘, 파를 넣고 향을 낸 후 나머지 소스재료를 넣고
끓이다가 새우를 넣고 물녹말로 농도를 맞춘다.

마지막으로 브로콜리를 넣고 섞어준다.

쫄깃한 질감을 위해서 감자 전분을 새우에 충분히 묻혀 스며든 후에 기름에 튀기듯 지지는 것이 좋다.

Tip

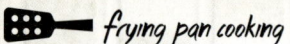 *frying pan cooking*

# 데리야끼소스
# 돼지고기
# 양파볶음

2인분 | 15분

| First
| 재료준비

돼지목살 200g   양파 1개   데리야끼소스 4큰술
통깨 1큰술   쪽파 3줄기

팬을 달군 후 얇게 썬 돼지목살을 볶다가
소금, 후추를 뿌려 밑간한다.

볶은 돼지고기에 양파채를 넣고 노릇하게 볶다가
데리야끼소스를 넣고 고루 섞는다.

통깨와 송송썬 쪽파를 뿌려낸다.

돼지고기는 얇게 저민 것을 구입해야 한다. 그래야 빨리 익고 소스의 간을 들일 수 있다.    Tip

# 삼치유자
# 데리야끼소스
# 조림고기

2인분 ▮ 20분

## First
### 재료준비

삼치 1마리  전분 약간  유자청 2큰술
데리야끼소스 4큰술  맛술, 청주 2큰술씩
식용유 적당량  쪽파 2줄기  홍고추 1개

## Second
### 과정

밑간한 삼치에 전분을 고루 묻혀
팬에 지져낸다.

2

데리야끼소스에 유자청, 맛술, 청주를 넣고
끓여준다.

3

소스에 구운삼치를 넣고
약불에서 소스가 배이도록 조린다.
실파, 홍고추를 고명으로 올려 담는다.

생선에 전분을 묻혀 지져내면 비린내를 감소시키고 부숴지는 것을 막을 수 있다.

Tip

*frying pan cooking*

# 해물 떡볶이

2인분 ┃ 25분

## First
### 재료준비

쭈꾸미 2마리  홍합 10개  중하새우 5마리  떡볶이 200g

**소스** 고추장 2큰술  고추가루 2큰술  굴소스 1/2큰술
다진 마늘 2큰술  물엿 2큰술  설탕 1/2큰술  후추 약간

**야채** 숙주 100g  대파 1대  양배추 50g  당근 1/3개
양파 1/2개  다시마육수 1컵

| Second
| 과정

우묵한 팬을 달궈서 고추기름을 두르고
해물을 넣고 볶는다.

소스 넣고 잠깐 볶다가 육수를 붓고
떡을 넣어 끓이다가 야채를 넣고
마지막으로 대파를 넣어 한소끔 더 끓여준다.

매운맛을 원한다면 고추장을 많이 넣는 것 보다 고운고추가루를 넣어야 깔끔하게 매운맛을 살릴 수 있다.    Tip

# 고구마
# 버터
# 구이

2인분 | 20분

First
**재료준비**

고구마 1개   버터 1큰술   바질, 로즈마리 약간
소금 약간

Second
**과정**

1

고구마는 채칼로 곱게 썰어
허브와 소금에 버무린다.

2

밑이 두꺼운 팬에 버터를 고루 펴 바르고
고구마채를 고루 펴 놓고 중~약불에서
앞, 뒤를 노릇하고 바삭하게 구워낸다.

---

단맛보다 담백한 맛을 원한다면 감자로 대체하여 사용하면 좋다.
채썰어 물에 담가 놓으면 전분기가 빠져서 잘 붙지 않으므로 바로 굽는 것이 좋다.

Tip

frying pan cooking

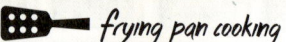

# 닭고기 대파 간장조림

2인분 | 15분

First
## 재료준비

닭가슴살 200g 대파 2대 홍고추 1개 간장 3큰술 맛술 3큰술 설탕 1큰술 물엿 2큰술 참기름 1큰술 후추 1/3작은술 식용유 2큰술

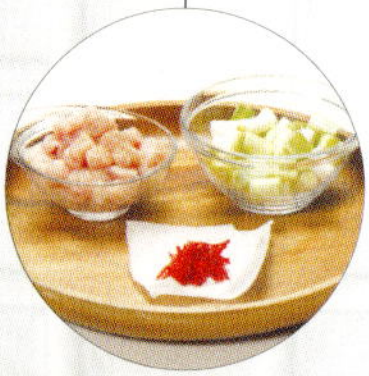

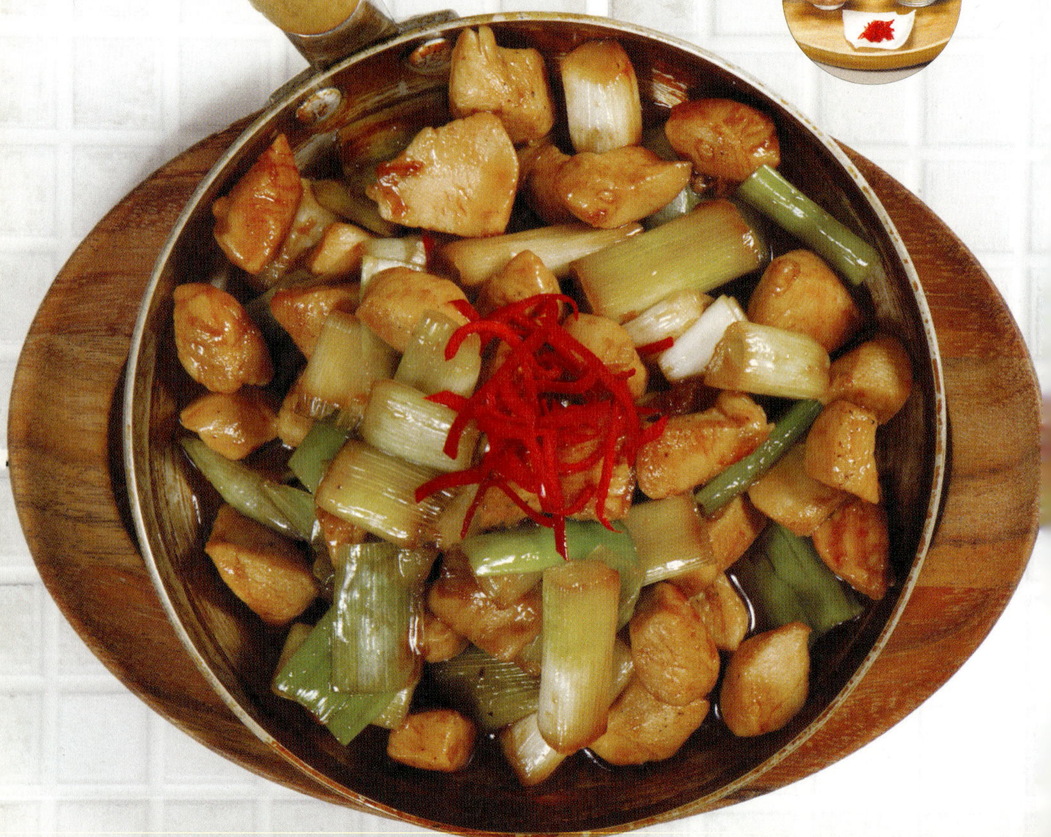

달군 팬에 기름을 두르고 대파를 색이 나도록 볶다가
소금, 후추로 밑간한 닭살을 지진다.

간장조림장을 끓이다가 닭살과 대파를 넣고
약불에서 간이 배도록 조린다.

홍고추 채 썬것과 참기름, 후추로 마무리한다.

닭가슴살 외의 약간의 기름진 것이 좋다면 몸통 닭고기살을 껍질째 이용해도 된다.
도시락반찬이나 술안주로도 일품이며 만드는 시간과 노력을 들지 않아서 그 또한 매력이다.

Tip

frying pan cooking

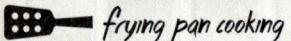

# 로스트 포테이토

2인분 | 30분

First
## 재료준비

감자 3개　베이컨 2줄　슬라이스햄 3장　양파 1/2개
방울토마토 3개　모짜렐라치즈 1/2컵　식용유 약간
파슬리 약간　소금, 백후추 약간씩

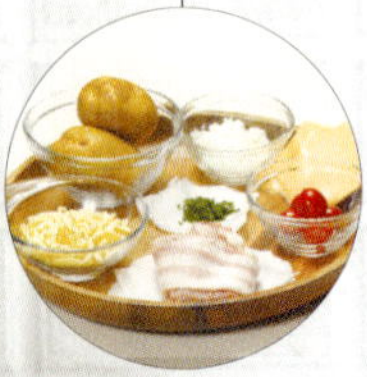

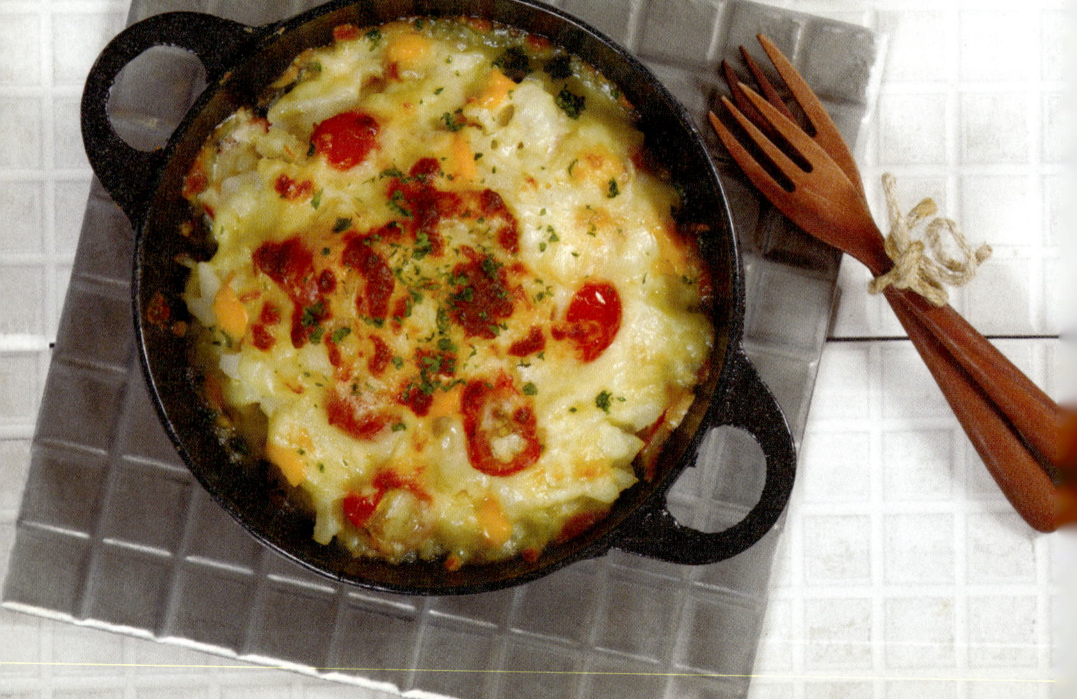

**Second
| 과정**

감자는 껍질을 벗겨 삶아서 식혀 사방 0.8cm로 썰고
베이컨향이 배이도록 양파와 함께 팬에 볶아준다.

볶은 것을 그릇에 담아 슬라이스치즈, 토마토,
모짜렐라치즈를 위에 올려 노릇하게 굽는다.

기호에 따라 머스타드, 토마토케찹, 피클 다진 것을 모짜렐라치즈 얹기 전에 올리기도 한다.
오븐이나 전자레인지가 없을 경우 후라이팬에 뚜껑을 덮거나 호일로 뚜껑을 만들어 덮어 약불에서 가열하여
모짜렐라치즈가 녹게 가열해도 된다.

Tip

# 배추
# 베이컨
# 볶음

2인분 | 15분

| First
**재료준비**

배추 3장  베이컨 4장  마늘 4톨
포도씨유 2큰술  허브솔트 약간

| Second
**과정**

채를 썬 배추에 소금을 뿌린 후 절여
물기를 꼭 짠다.

달군팬에 포도씨유를 두르고 편썬 마늘을
노릇하게 베이컨은 바삭하게 굽는다.

배추를 넣고 볶다가
허브솔트, 후추를 뿌려낸다.

배추 대신 청경채, 시금치를 대신 사용해도 좋다. 샌드위치 속으로 활용해도 손색이 없다.
배추는 연두색 잎 부분을 사용하는 것이 가열했을 때 너무 달거나 물러지지않는다.
섬유질과 비타민, 무기질이 많은 배추를 김치 외에 다양하게 활용할 수 있는 예다.

Tip

# 감자
# 고구마
# 조림

2인분 | 30분

## First
## 재료준비

감자,고구마 400g   식용유 3큰술   간장 4큰술
설탕 2큰술   물엿 2큰술   물 1컵   풋고추 2개
후추 약간   참기름 1/2큰술   통깨 1/2큰술

**1**

팬에 식용유를 넉넉히 두르고
전분기를 뺀 감자의 물기를 없앤 후
겉면이 노릇하게 지져낸다.

**2**

양념간장, 물을 넣고 뚜껑을 덮어
중~약불에서 속이 익도록 조린다.

**3**

감자, 고구마가 익으면 뚜껑을 열고
풋고추를 넣고 센 불에서 한소끔 끓이다가
불을 끄고 참기름, 통깨로 마무리한다.

감자, 고구마 중에서 있는 재료로 사용해도 된다.
곡류에 분류되면서도 알카리성 식품이며 비타민, 섬유질이 많아 사랑받는 식재료 중의 하나이다.

Tip

*frying pan cooking*

# 단호박
# 범벅

2인분 | 25분

| First
**재료준비**

단호박 1/2통　우유 1컵　설탕 1큰술　버터 2큰술
소금 1/2작은술　견과류 적당량

**소스** 마요네즈 2큰술　연유 2큰술　레몬즙 1/2큰술

| Second
**과정**

팬에 단호박썬 것을 넣고 우유, 버터, 설탕,
소금을 넣고 중불에서 15~20분간 뚜껑을 덮어
익힌 후 마요네즈, 연유, 레몬즙을 넣어 섞는다.

볶은 호박씨, 아몬드 섞어 준다.

한식의 호박범벅보다도 쉽고 고소한 맛이 매력적이다.
달콤하고 부드럽고 비타민 또한 많아서 간식 및 한끼 식사해결로도 충분하다.
특히, 단호박에는 카로틴이 많이 함유되어 자궁암, 유방암 예방에도 뛰어나 여성을 위한 건강식이라고 할 수 있다.

Tip

# <sup>2</sup>Romantic Man

로맨틱한 남자가 되고 싶을 때

'
그녀의 마음을 얻는 단 하나의 키워드!
L.O.V.E.
사랑이 담긴 정성스러운 요리로
로맨틱한 분위기 연출 끝!
'

**찹퍼**

다지기 용도로 사용하며 특히 소량의 요리를 할 때
요긴하며 자리차지가 적고 세척이 용이하다.

**전자저울**

요리량이 적을수록 계량이 정확해야 하므로
전자저울이 있다면 훨씬 정확한 요리를 할 수 있다.

**소형 채칼**

칼질이 익숙하지 않다면 휠러처럼 소형이면서도
곱게 채 썰어지는 소형 채칼이 있다.

**조림 속뚜껑**

음식을 조릴 때 눌러 줘서 자주 뒤집지 않아도
되고 위, 아래 양념이 골고루 배일 수 있게 하는
효과가 있어 좋다. 또한 스테인레스 재질로서
뜨겁거나 산성식품에도 문제가 없으며 냄비
사이즈에 따라 360도 크기 조절이 될 수 있어
그 또한 위생적이고 편리하다.

**스파게티 메져**

인원수에 따른 파스타량을 계량케 하는 기구

**계량컵·스푼**

정확하고 일정한 맛을 유지시키기 위한 조리기구.

**실리콘 거품기**

쌀씻기부터 다양한 반죽, 소스 만들기에 기본적인
기구이다. 실리콘 재질이라 스테인레스볼, 유리볼,
사기볼 등 어느 기구에서나 사용하기 좋다.

**오븐·전자렌지용 그라탱볼**

실리콘 뚜껑으로 되어 있는 그라탱 용기로 오븐이나,
전자렌지 사용시 뚜껑까지 함께 활용할 수 있어
편리하다.

내 남자를 위한 **Advice**

# 헬퍼가
# 부럽지 않은
# **조리기구**

# Romantic Man

# 훈제연어
# 카르파쵸

2인분 ▎ 20분

**First**
**재료준비**

훈제연어 300g  알파파 50g  무순 약간
노란 파프리카 1/2개

**드레싱** 씨겨자 1큰술  머스타드 2큰술  레몬즙 1큰술
다진 양파 2큰술  올리브 3개  꿀 1큰술  소금 1/4작은술

Second
과정

다진 양파에 소금을 조금 넣었다가 수분이 생기면
거즈에 싸서 흐르는 물에서 헹궈 물기를 없앤다.

훈제연어를 얇게 저며 레몬즙을 뿌린 후 접시에 펴고
파프리카, 무순, 알파파를 얹은 후 돌돌 말아
미리 차게 준비한 씨겨자소스를 위에 올려낸다.

카르파쵸소스에 올리브, 케이퍼등을 넣어 연어 뿐만아니라 빵이나 생선요리에 활용해도 상큼한 맛을 살릴 수 있다.
훈제연어는 마리네이드(양념) 제품을 구입하여 사용하면 더욱 편리하다.
슬라이스한 연어을 두께가 얇아야 먹기 좋다.

Tip

Romantic Man

# 홍합
# 토마토소스
## 스파게티

2인분 **|** 30분

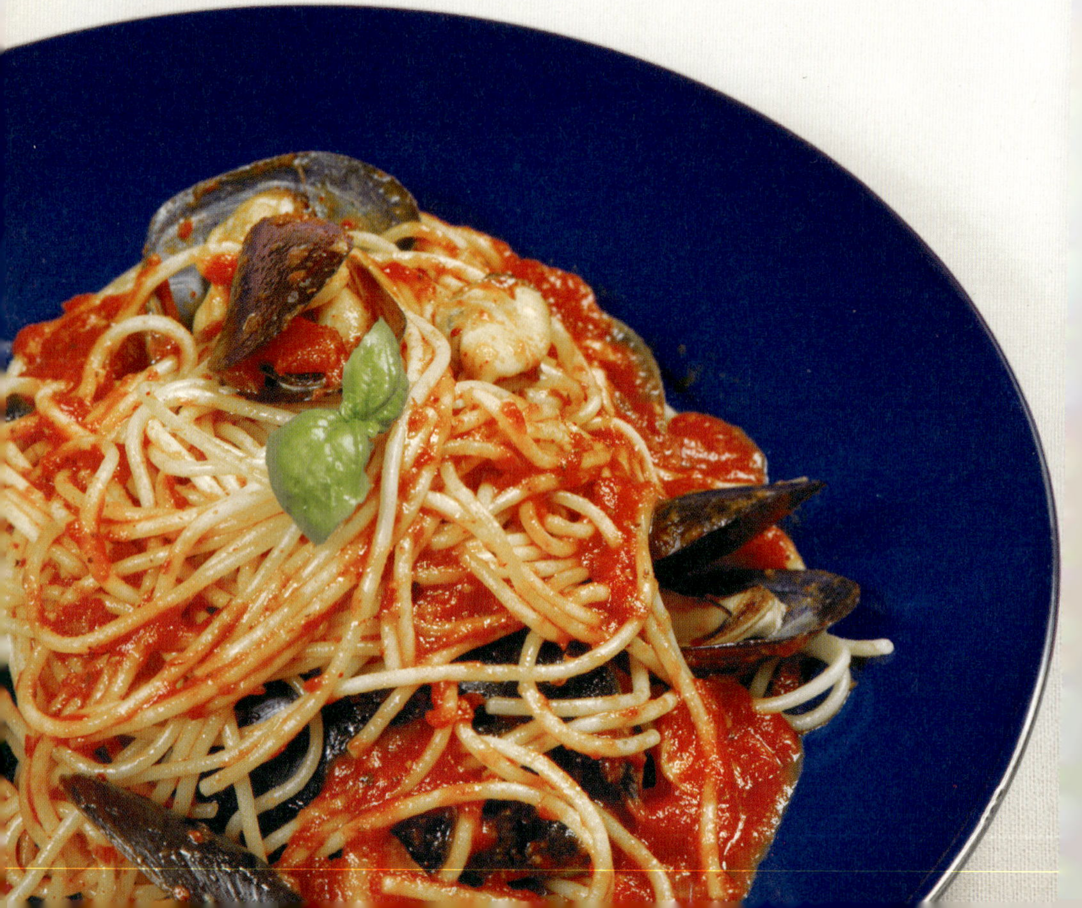

팬에 올리브오일을 두르고 다진 마늘을
노랗게 볶다가 손질한 홍합을 넣고 30여초
볶은 후 와인을 넣고 뚜껑을 덮어 익힌다.

## First
## 재료준비

스파게티 140g   홍합 20~25개   화이트와인 1/4컵
마늘 2쪽   올리브오일 3큰술   토마토소스 2컵

익힌 홍합에 토마토 소스를 넣고
한소끔 끓여준다.

미리 삶아 놓은 스파게티를 넣고
버무린 후 바질이나 파슬리가루를 올려낸다.

스파게티는 1인분량을 60~70g으로 기준으로 삼으면 적당하다.
홍합은 물에 씻을 때 물에 뜨는 것 보다 가라앉는 것이 알이 크고 차 있는 것이다.

Tip

*Romantic Man*

# 알리오올리오

2인분 | 20분

**First**
**재료준비**

스파게티 140g  마늘 5~6톨  올리브오일 6큰술
페페로치니 2~3개  면 삶은 물 1/3컵  올리브 1~2개
소금 1/2작은술

팬에 올리브오일을 3큰술 두르고 편썰거나
으깬 마늘을 갈색이 나도록 서서히 볶는다.

고추를 넣고 매콤한 향이 나게 볶는다.

삶은 스파게티와 면 삶은 물, 그린올리브를 조금0넣고
남은 올리브오일 3큰술을 넣고 버무린다.

스파게티는 가장 얇은 면을 사용하는 것이 좋다.

Tip

# 투움바
## 스파게티

2인분 ┃ 30분

### First
**재료준비**

칵테일새우大 6마리  쪽파 3줄기  스파게티 120g
양송이버섯 4개  생크림 1.5컵  토마토케첩 2.5큰술
고추가루 2작은술  간장 3작은술  파마산치즈 2작은술
소금 약간  양파 2큰술  올리브유 2큰술

팬에 올리브유를 1큰술 두르고 다진 양파 2큰술을 넣고
말갛게 볶다가 칵테일새우, 양송이버섯을 넣고
살짝 볶은 후 소금을 약간 넣어 준다.

팬에 미리 생크림에 쪽파를 담가 놓았던 것을 넣고
끓이다가 토마토케찹, 고춧가루, 간장을 풀어 끓으면
미리 볶은 새우, 버섯을 섞어준다.

삶은 스파게티를 끓는 생크림 소스에 넣고
파마산치즈 2작은술, 소금을 넣고 약간 끓인다.

끓는 물에 소금을 넣고 스파게티를 삶아 찬물에 헹구지 않고 체에 받쳐 준비한다.
이때 바로 사용하지 않는다면 올리브유에 버무려 놓는다.

Tip

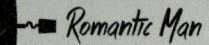 

# 찹
## 스테이크

2인분 | 25분

| First |
| 재료준비 |

쇠고기(등심) 200g  당근 30g  양파 30g  생표고버섯 1장
홍피망 1/2개  청피망 1/2개  미니 양배추 4개
허브솔트 약간  월계수잎 1장  올리브유 약간

**소스**  맛간장 1큰술  토마토케찹 2큰술  꿀 1큰술
우스타소스 1.5큰술

| Second |
| 과정 |

**1** 올리브유, 월계수잎, 허브솔트에 마리네이드
해 놓았던 고기를 달군 팬에 센 불에서 양면의
겉면을 익힌 후 먹기 좋은 크기로 자른다.

**2** 미리 볶은 야채에 익힌 고기를 넣고 스테이크
소스를 끼얹어 재빨리 섞은 후 예열해 놓은
접시나 철판에 담아낸다.

육류는 돼지고기 안심으로 대체 가능하다.
식사의 주메뉴이면서 술안주 대용으로도 가능해 가볍게 접근할 수 있는 요리이다.

Tip

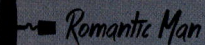
*Romantic Man*

# 유자소스
# 부채살
# 구이

2인분 | 35분

부채살 200g  허브솔트 약간  올리브유 2큰술  홍옥(사과) 1/4개
적양파 1/4개  겨자잎 3장  노란 파프리카 1/2개  레몬즙 1/2큰술
유자청 1큰술  올리브오일 1큰술  소금 1/2작은술  후추 약간

부채살에 허브솔트를 살짝 뿌리고
올리브유를 넣어 부드럽게 밑간을 해 둔다.

굵게 다진 야채에 유자소스를 버무린다.

팬을 달군 후 고기를 구워 접시에 나란히 놓고 소스에
버무린 야채를 위에 얹어낸다.

부채살은 오일과 밑간을 해서 미리 준비해 냉장보관 하였다가 구우면 더욱 부드럽다.
야채와 유자소스는 먹기 직전에 버무려야 수분이 많이 생기지 않는다.
부채살뿐만 아니라 부드러운 부위의 안심, 등심을 얇게 썰어서 활용해도 된다.

Tip

# 쇠고기 안심 스테이크

2인분 | 25분

## First
**재료준비**

쇠고기 240g  스테이크용 허브솔트 약간  후추 약간
시판용 스테이크소스 1/3컵  와인 3큰술  식용유 약간
버터, 설탕 1/2큰술씩

**가니쉬** 통마늘 1통  파프리카, 버섯 1개씩

**라따뚜이** 쥬키니호박 30g  가지 1/4개  양파 1/2개
토마토 1/2개  타임, 마늘 약간

Second
과정

오일에 재웠던 쇠고기를 실온에 꺼내 놓았다가
높은 온도로 달군 팬에 기름을 두르고
앞, 뒤로 익히면서 꺼내기 직전에 후추를 뿌린다.

스테이크소스에 와인, 버터를 섞어 한소끔 끓인 후
접시에 깔고 구운 스테이크를 올린다.

**라따뚜이 곁들이기**
달군 팬에 올리브오일을 두르고 마늘, 굵게 다진 호박, 양파, 가지, 마늘을 볶다가
소금, 후추로 간을 한 후 생토마토를 섞는다.

**스테이크 굽기**
● ○ ○ 마블링이 좋은 고기를 쉽게 건조되지 않도록 두툼하게 준비한다.
● ● ○ 미리 마리네이드하여 냉장고에 두었다가 실온에 꺼내어 찬기가 가신 후
센불에서 팬의 기름이 연기가 날 정도에 넣어서 양면을 뒤집어가며 익힌다.
● ● ● 익힌 후 5분 정도 두었다가 소스를 뿌려내야 육즙이 고기에 다시 배여 부드럽게 먹을 수 있다.
구워진 상태에 따라 레어, 미디움, 웰던으로 나누는데 육즙의 상태가 차이가 난다.

Tip

# 불고기
# 버섯
# 샐러드

2인분 | 25분

| **First**
| **재료준비**

쇠고기(안심) 100g  양파 1/2개  겨자잎 4장  양송이버섯 3개
애느타리버섯 30g  베이비채소, 방울토마토 약간

**소스**  올리브오일 5큰술  발사믹식초 3큰술  꿀 1큰술
소금 1/2작은술  후추 약간

달군팬에 올리브유 두르고 양파를 갈색이 나도록
볶다가 양송이버섯, 애느타리버섯을 충분히 볶는다.

센 불에서 쇠고기를 볶다가 소금, 후추로
밑간을 살짝 한다.

손으로 찢은 겨자잎, 양상추와 미리 볶은 버섯,
쇠고기를 섞어 차게 준비한 발사믹소스를 뿌려낸다.

야채를 갈색이 나도록 충분히 볶아서 나는 단맛이 이 샐러드의 포인트이다.

Tip

# 리코타
# 치즈
## 샐러드

2인분 ┃ 20분

┃ First
**재료준비**

**리코타치즈** 우유 500cc  생크림 250cc  레몬즙 3큰술
소금 1/2큰술  양상추 1/4통  방울토마토 5개
구운잣 1작은술  올리브 3~4개

**소스** 올리브유 4큰술  발사믹식초 2큰술  꿀 2/3작은술
소금 1/3작은술  후추 약간

**Second**
**과정**

냄비에 우유, 생크림을 넣어 끓으면 불을 줄이고
레몬즙과 소금을 넣고 엉기면 면보에 거른다.

야채에 볶은 잣과 굵게 썰은 올리브, 치즈를 얹고
발사믹소스를 뿌려낸다.

집에서 단시간에 만들 수 있는 핸드메이드 치즈를 직접 만들어 신선한 야채와 함께 발사믹 소스와 곁들이면 맛과
영양, 정성을 한꺼번에 느낄 수 있는 힐링 요리가 된다.
레몬즙을 넣고 엉기게 할 때 잘 되지 않을 경우 현미식초를 조금 넣어주면 효과적이다.

Tip

*Romantic Man*

# 두반장
# 즉석야채피클

2인분 | 30분

**First**
재료준비

오이 1개   노란 파프리카 1/2개   붉은 파프리카 1/2개
아삭이고추 2개   양파小 1개   브로콜리 50g   소금 약간

**소스** 두반장 2큰술   고추기름 1큰술   설탕 3큰술
식초 4큰술

Second
과정

1

오이는 소금 1작은술을, 양파는 식초 1큰술을
뿌렸다가 건진다.

2

소스를 분량대로 준비하여 위의 야채를 모두 넣고
30분~1시간 정도 재웠다가 바로 먹는다.

우리나라 사람들이 좋아하는 칼칼함이 있어 육류 요리 등 다양한 요리에 곁들여도 개운하고 깔끔한 맛이 훌륭하다.
야채는 단단하고 쉽게 수분이 생기지 않는 것으로는 모두 가능하다.
개운하고 깔깔한 두반장, 고추기름을 사용하는 것이 요리의 포인트이다.

Tip

# 3 Lunch for an important person

소중한 이를 위한 도시락

'
그녀에게 바치는 최고의 깜짝 선물!
계획되지 않은 피크닉,
그리고 정성이 듬뿍 담긴 도시락!
사랑과 행복은 도시락을 타고 온다~
'

바게트사금치샌드위치  식빵토까스샌드위치  치킨랩샌드위치  모듬쌈밥
총무김밥  닭날개튀지조림  참치단무지겹케익밥  폭탄주먹밥

## 1단계 메뉴와 재료 정하기

꼼꼼한 재료 체크로 충동 구매와 과다 구매를 막을 수 있다.

## 2단계 냉장·냉동고 확인

구입하기 전에 냉장·냉동실을 확인한다. 남은 재료라든가 있는 재료를 중복하여 구입하는 실수를 줄여 준다.

## 3단계 마트 구입 목록과 인터넷 구입 목록을 구분

보관이 가능한 캔, 병 식품, 저장용식품(공산품)은 인터넷 구입을 하면 시간과 비용을 줄일 수 있고
직접보면서 신선도를 판단해야 하는 야채, 과일, 육류, 생선류는 마트나 재래시장을 이용하는 것이 좋다.
또한 마트에서 쇼핑을 할 경우 식재료는 구입하고 보관하는데 걸리는 시간이 중요한 경우가 많다. 식료품만
구입하는 경우는 문제 없지만 마트에서 꼭 식료품만 구입하는경우는 드물기 때문에 일반 잡화를 먼저 구입하고
나서 마지막으로 식품을 구입하는 것이 좋다.
- 시간과 식재료의 신선도에 효과적인 장보는 순서
실온에서 보관할 식재료＞과일, 근채류＞냉장고에 넣어야하는 식재료＞육류, 생선류＞냉동식품

## 4단계 장보는 시간 정하기

저녁식사 전의 시간대는 거의 붐비므로 여유 있고 세일을 가장 많이 하는 저녁시간대를 이용하는 것도
알뜰 장보기의 방법이다. 너무 이른 아침에 장을 보게 된다면 야채, 과일, 특히 생선 등은 재고 상품일 경우가
종종 있으므로 이것 또한 감안하는 것도 장보기에서 챙겨야 할 시간대이다.

## 5단계 적립금과 할인 확인

마트에서 포인트별 적립금과 할인을 꼼꼼히 체크하여 세일 때 이용하면 좋다.(쌀, 캔, 병식품)
단, 보관기간이 짧은 과일, 야채, 어육연제품 등은 세일 한다고 과다 구입하면 오히려 음식 쓰레기를 만들고
가계부에 누수가 생기는 격이 될 수도 있다.

## 6단계 자기만의 철칙

마트에서는 구입목록을 적어 간 것을 단시간에 장을 본다는 자기만의 철칙을 세운다. 아무리 충동구매를 하지
않겠다고 다짐을 했어도 막상 세일 문구와 무료 시식코너에서 무너지기 십상이기 때문에 쓸데없이
서성거리다가는 초심을 잃게 되기 십상이다.

## 7단계 세일의 현명한 이용

'세일'이라는 문구의 함정에 빠지지 않고 이용할 줄 아는 지혜가 필요하다. 세일이라고 너무 많은 량을 구입하다가
앞으로 남고 뒤로 밑진다는 말이 이럴 때 쓰는 말이다.

## 8단계 구입 영수증 체크

식재료 구입 영수증을 냉장고 한편에 붙여 놓고 체크하면서 관리 한다. 구입재료명과 날짜, 가격이 있으므로
1석3조라 할 수 있다. 소비한 것을 지워가듯 체크하면서 남은 것을 굳이 냉장, 냉동실을 열고 체크하는 수고를
덜 수 있고 남은 재료의 보관 정도와 사용해야 할 필요성과 중복구입 그리고 가장 중요한 경제적 손실이 눈으로
보이므로 똑똑한 장보기의 결정적인 단계라고 할 수 있다.

내 남자를 위한 **Advice**

## 똑똑한
# 장보기

# 바게트
# 시금치
# 샌드위치

2인분 | 30분

| First
| 재료준비

바게트빵 1개  크림치즈 적당량  슬라이스치즈 2장
슬라이스햄 3장  시금치 1/2단  통마늘 3개  베이컨 2줄
허브솔트 약간  올리브유 2큰술  다진 양파 3큰술  토마토 1개

A me
mile

달군 팬에 올리브유를 두르고 마늘, 양파 다진 것,
베이컨을 갈색이 나도록 볶는다.

시금치를 넣고 센 불에서 볶으면서
허브솔트로 간을 맞춘다.

바게트빵에 크림치즈를 얇게 바른 후
슬라이스햄 > 시금치볶음 > 슬라이스 토마토 > 치즈
> 크림치즈 바른 바게트빵을 위에 덮어 3~4등분으로
잘라 꼬지로 꽂아낸다.

시금치베이컨볶음은 그 자체로도 밥반찬, 간단한 안주로 사용해도 일품이다.
바게트는 그날 구운 것으로 사용하는 것이 겉은 바삭하고 속이 부러서 샌드위치로 적합하다.

Tip

# 식빵
# 돈까스
# 샌드위치

2인분 | 30분

First

**재료준비**

식빵 4장  냉동 돈까스 2장  양상추 3장  토마토 1개
피클 2개  슬라이스치즈 2장

**소스**  돈까스 소스 3큰술  마요네즈 1큰술  꿀 1큰술
양파, 피클 다진 것 2큰술씩

토마토는 0.5cm두께로 썰어 소금, 후추를 뿌려준다.

돈까스를 180℃의 기름에서 노릇하게 두 번 튀긴다.

구운 식빵에 양상추 > 토마토 > 피클 > 튀긴 돈까스
> 소스 > 슬라이스치즈 순으로 샌드위치를 만든다.

# 치킨랩
## 샌드위치
2인분 | 25분

| First
| **재료준비**

또띠아 2개   양배추 2장   적채 30g   방울토마토 4개
치커리 30g   슬라이스치즈 1장   피클 1개   닭가슴살 1캔

**소스**  허니머스타드 4큰술   타바스코 약간

| Second
| 과정

또띠아를 팬에 살짝 앞, 뒤로 굽는다.

구운 또띠아에 머스타드소스를 바르고
닭가슴살과 야채를 넣어 속이 꽉 차도록
단단하게 말아 샌드위치페이퍼에 싸서 2등분한다.

또띠아에 참치, 튀긴 돈까스와 야채 등을 넣어 응용할 수 있다.

Tip

*Lunch for an important person*

# 모듬
## 쌈밥
2인분 | 30분

First
### 재료준비

양배추 3장  케일 2장  배추김치 1/6포기  깻잎 5장
밥 2공기  참기름, 통깨 1큰술씩  된장쌈장 적당량
볶은 약고추장 적당량

야채는 찜 솥에 쪄 준다.

밥에 참기름과 통깨를 섞어주고
한입 크기로 밥을 뭉쳐서 된장이나 약고추장을
살짝 발라 쪄낸 야채에 한입크기로 만다.

**약고추장** 다진 쇠고기 50g   고추장 1/2컵   배즙 1/4컵   참기름 1큰술
양파 다진 것 3큰술   꿀 1큰술   잣 1큰술   파, 마늘 1큰술씩   통깨 1큰술

**쇠고기 밑간** 간장 1/2큰술   설탕 1작은술   파, 마늘 1작은술씩   후추 약간
참기름 1작은술

**방법**
● ○ ○ 다진 쇠고기에 밑간한다.
● ● ○ 냄비에 밑간한 쇠고기, 양파를 볶다가 고추장, 배즙, 꿀을 넣고
약 불에서 수분을 없앤다.
● ● ● 마지막으로 잣, 참기름, 통깨를 넣고 마무리한다.

Tip

# 충무
# 김밥

2인분 **|** 40분

| First
**재료준비**

밥 1공기  구운김 3장  오징어 1마리
사각어묵 1장  무 300g

**1** 무는 큼직하게 썰어 분량의 단촛물에 절인다.

**2** 절인무의 수분을 없앤 후 고춧가루를 넣어
버무리다가 나머지 양념을 넣고 고루 무친다.

**3** 오징어와 어묵은 끓는 물에 데쳐 수분을
제거하고 분량의 양념으로 무친다.

**4** 김밥을 말아 같이 먹는다.

---

**무 절임 재료**
물 1/2컵   식초 3큰술   설탕 2큰술   소금 1/2큰술

**무 김치 양념**
고운 고춧가루 1큰술   굵은 고춧가루 2큰술
멸치액젓 1큰술   다진 마늘 1큰술   생강 1작은술   소금, 통깨 약간

**오징어 무침**
고추가루 2큰술   물엿 1큰술   멸치액젓 1/2큰술   다진 파, 마늘 1큰술씩   청주 1큰술

Tip

# 닭날개
# 유자
# 조림

2인분 | 25분

First
## 재료준비

닭날개 10개  생강 3~4쪽  통후추 약간  청주 2큰술

**소스** 간장 2큰술  설탕 1큰술  유자청 1큰술
맛술 1큰술  생강편 3~4쪽  물 1/4컵

| Second
| 과정

물에 통후추, 생강편을 넣고 끓으면
닭날개를 넣고 삶아낸다.

팬에 분량의 유자소스를 넣고
바글바글 끓기 시작하면 삶은 닭날개를 넣고
윤기나게 조린다.

닭의 누린내를 없애기 위해 우유에 30분 이상 담갔다가 씻어 사용하면 효과적이다.
유자청이 없을 경우에는 대신 올리고당이나 물엿을 2큰술을 넣고 조리면 간장조림이 된다.

Tip

*Lunch for an important person*

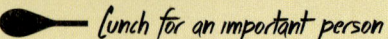

# 참치 단무지 케이크밥

2인분 | 20분

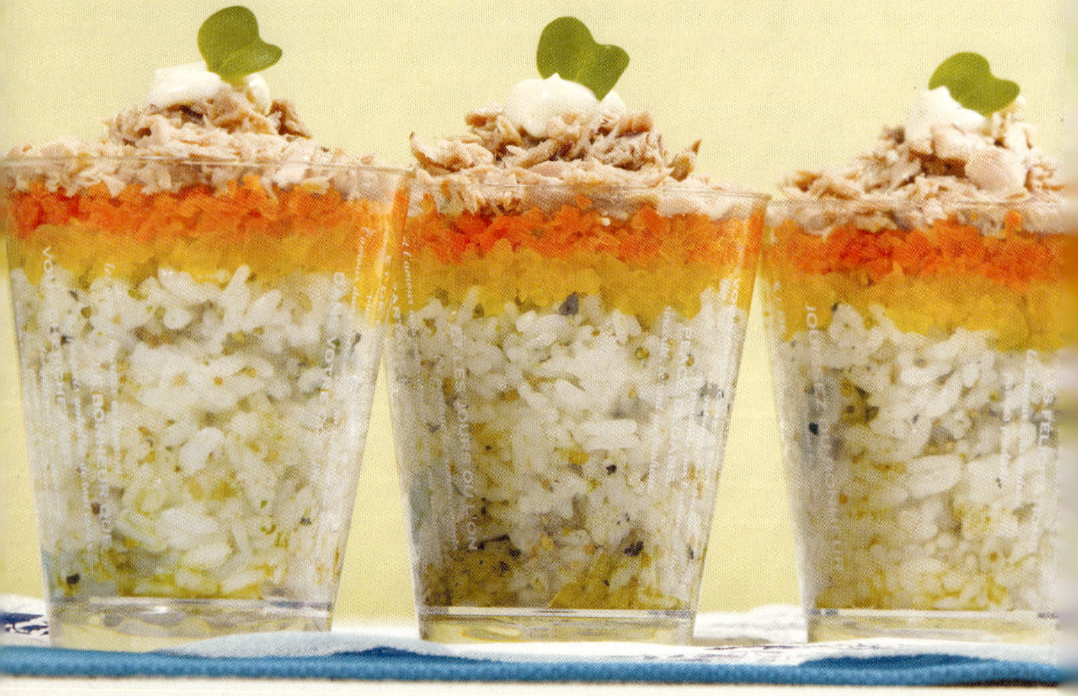

## First
### 재료준비

밥 1공기   참치 1/2캔   참기름 1큰술   당근 4큰술
단무지 다진 것 4큰술   후리가케 2큰술

**양념** 양파 다진 것 2큰술   마요네즈 1큰술
소금, 후추 약간

**1**

밥에 후리가케와 참기름으로 양념을 한다.

**2**

달군 팬에 기름을 두르고 당근을 볶으면서
참기름, 소금으로 간을 한다.

**3**

투명컵에 밥>단무지>당근>참치 순으로
쌓아서 투명컵째 포장한다.

**모닝빵참치샌드위치** 스파게티 140g   홍합 20~25개   화이트와인 1/4컵
마늘 2쪽   올리브오일 3큰술   스파게티소스 2컵

### 방법
● ○ ○ 모닝빵을 2등분하여 양쪽에 크림치즈를 얇게 바른다.
● ● ○ 체에 기름뺀 참치를 부수어 매운맛을 뺀 양파, 다진 피클, 달걀을 섞어
마요네즈 소스에 무친다.
● ● ● 모닝빵에 치커리, 파프리카, 참치, 모닝빵 순으로 샌드위치를 만든다.

Tip

# 폭탄
# 주먹밥

2인분 ┃ 10분

| First
**재료준비**

밥 1공기  참기름 1/2큰술  후리가께 1/2큰술  소금 약간
날치알 2큰술  통깨 1큰술  부순 조미김 1컵

| Second
| 과정

1

밥에 후리가께, 날치알, 참기름, 통깨를 넣고 양념을 한다.

2

랩을 펴 놓고 밥을 직경 4cm정도로 동그랗게 만들어
부순김을 자연스럽게 굴려가며 묻힌다.

냉장고에 있는 야채를 수분을 빼고 볶아 야채 주먹밥을 만들어 부순 김에 무쳐주면
남은 야채 처리 및 맛도 살릴 수 있어서 일석이조이다.

Tip

# 4

# Cuisine for funny travel

여행을 즐겁게 하는 요리

'
여행의 설레임과 사랑의 설레임은 닮아있다.
요리하는 남자의 뒷모습은 무엇을 닮았을까.
여행지에서 사랑과 요리는 동의어!
'

바비큐립 & 케이준웨지감자구이  닭갈비  소세지야채볶음  낙지볶음  미트까치구이 & 칠리소스

얼큰부대찌개 & 수제비  삼겹살콩나물찜  푸른초장찌  해장야채라면  야채섞어부침개

## 화이트와인 Villa M.

원산지는 이탈리아로 전통 포도 품종인 모스카텔과 브라케토로 만든 빌라엠은 시리즈로 생산되는 것이 유명하다. 모스카토 100%이며 달콤하고 알코올 도수가 5%로 낮으며 신선한 과일향과 기포가 적절하여 여성들이 좋아하는 대표 와인이다. 특히, 우리나라 영화배우 한석규씨가 좋아한다고 더욱 이름이 알려져 있고 가격대도 2만원대 후반에서 3만원대를 형성하고 있어 판매순위가 항상 높은 와인 중에 하나이다. 술을 잘 못하는 분들이 즐기기에 무겁지 않고 가볍게 생선 뿐만 아니라 육류와도 크게 어긋나지 않아 테이블와인, 디저트와인으로 사용해도 좋다.

## 레드와인 MEDALLA REAL

산타리타 메달야 레알 카비네쇼비뇽은 칠레 와인 중 가장 선호하는 와인으로 드라이함이 강하지 않고 부드러운 탄닌이 매력적이면서 육류와 잘 어울리고 맛과 가격만족도가 높은 와인으로 손꼽히고 있다. 가격은 3만 5천원~4만원대에 판매되고 있다.

## 베링거 BERINGER

캘리포니아산으로 화이트 진판델은 색은 붉은 기운이 도는 살구빛에 단맛이 가볍게 나므로 여성들이나 술을 잘 못하지만 분위기를 살리고 싶을 때 추천하고 싶은 와인 중에 하나이다. 요리는 샐러드, 육류요리 중에서는 바비큐, 한식의 탕평채와도 매치가 잘되고 또한 의외로 매운요리와 잘 어울릴 수 있어 대중적으로 사랑받고 있는 와인 중에 하나이다. 특히, 2만원대 안에서 구입할 수 있는 와인으로 맛과 가격이 부드럽고 가벼워서 젊은층에게 사랑받는 와인으로 꼽히고 있다.

## 버니니 BERNINI

남아프리카 공화국이 원산지이며 알코올도수가 5%이며 275mℓ로 그린색, 핑크색 2가지가 있다. 모스카토 품종의 버니니클래식인 그린색 버니니는 일반 화이트와인보다 단단한 바디감은 약하지만 가볍게 마시거나 술을 잘 못하는 분들에게는 쉽게 접할 수 있는 와인으로 달콤하고 알콜도수가 세지 않다는 장점이 있다. 핑크컬러의 스파클링 로제와인인 버니니 블러쉬는 과일향이 더 강하고 스위트한 맛이 특징이다. 샐러드, 샌드위치, 파스타, 카나페 등 가볍게 즐기는 요리들과 잘 어울리므로 피크닉이나 혼자 가볍게 즐기고 싶을 때 안성맞춤이다.

## 쇼퍼호퍼 헤페바이스 맥주 Schofferhofer Hefeweizen

원산지는 독일이며 밀맥주로서 5%의 알코올 도수를 가지고 있으나 쇼퍼호퍼 헤페바이스 맥주 중에 그레이프후르츠는 밀, 보리, 호프 추출물, 이스트 이외에 그레이프후르츠주스, 설탕, 레몬주스, 오렌지주스 등이 함유되어 맥주같지 않은 부드러운 맛이 특징이라서 피크닉 때 챙겨가고 싶은 것 중에 하나이다.

내 남자를 위한 **Advice**

# 와인
# 맥주
# 스파클링와인

요즘은 세대구별 없이 와인에 대한 관심이 높다.
와인 종주국 나라의 와인과 신생국 즉, 칠레, 미국 캘리포니아, 호주, 아르헨티나
와인에 눈을 뜨가면서 다양한 맛과 질, 가격을 비교할 수 있는 정보를 갖추면서
각자의 입맛과 개성에 맞는 와인을 찾아가는 마니아들이 많아졌다. 쉽게
접근할 수 있는 요리와 적합한 요리, 와인 위주가 아닌 요리에 매칭시킬 수 있는
무겁지 않고 가벼운, 부담감 없는 와인을 남자들을 위한 요리책에 추천한다.

# 바비큐립 &
# 케이준 웨지
# 감자구이

4인분 | 50분

| First
**재료준비**

돼지등갈비 1kg　통후추 약간　생강 3쪽　월계수잎 2장

**소스** 바비큐소스 1컵　타바스코 1큰술　흑설탕 2큰술
우스터소스 1큰술　물 1/4컵

| Second
**과정**

돼지등갈비를 흐르는 물에서 20분 정도
핏물을 빼고 끓는 물에 통후추, 생강편,
월계수잎을 넣고 15분 정도 삶아낸다.

냄비에 바비큐소스를 분량대로 섞어서
약 불에서 졸여준다.

180도로 예열한 오븐에서 삶은 등갈비에
바비큐소스를 2번 이상 발라가며 굽는다.

---

**케이준웨지감자구이**
감자, 올리브오일, 케이준시즈닝, 로즈마리, 바질, 소금, 후추, 마늘

● ○ ○ 감자를 껍질째 웨지형으로 썰어 끓는 물에 소금을 넣고 삶아낸다.
● ● ○ 삶은 감자에 올리브오일, 소금, 후추, 케이준시즈닝, 바질, 로즈마리에 버무린다.
● ● ● 그릴이나 오븐에서 20분 정도 굽는다.

Tip

Cuisine for funny travel

# 닭갈비
4인분 | 30분

**First**
재료준비

닭다리살 500g   양배추 200g   고구마 또는 감자 1개
깻잎 1묶음   당근 1/4개   양파 1/2개   대파 1대

**소스** 간장, 고추가루 3큰술씩   마늘 2큰술
고추장 3큰술   설탕, 물엿 1큰술씩   참기름 1/2큰술
카레, 땅콩버터 1큰술씩   생강 1/2큰술   후추 1/4작은술
통깨 1큰술

한 입크기로 썬 닭살을 끓는 물에 데쳐낸다.

냄비에 기름을 약간 두르고 깻잎, 대파를 뺀
나머지 재료를 먼저 깔고 양념한 닭살을
얹어 뚜껑을 덮어 익힌다.

마지막으로 깻잎, 대파를 넣어 섞어 마무리한다.

볶음밥 재료는 송송썬 김치, 상추 5장, 조미김가루 약간, 들기름 1큰술로 식사 후 마지막에 볶아내면 맛있다.     Tip

# 소세지야채 볶음

4인분 | 20분

## First
### 재료준비

소세지大 3개   양파 1개   꽈리고추, 마늘 5개씩
적파프리카 1/2개   양송이버섯 3개   새송이버섯 1개
허브솔트 적당량

**소스** 머드타드 3큰술   마요네즈 1큰술   씨겨자 1큰술
타바스코 1/2큰술

밑이 두꺼운 팬이나 스테이크철판에 기름을
약간 두르고 양파와 마늘을 넣고
노릇노릇 해질 때까지 센 불~중불로 익힌다.

나머지 야채와 소세지를 올리고 타지 않을 정도로
센 불에서 가열하여 향이 나면 마지막으로
허브솔트를 뿌리고 소스를 곁들여낸다.

바비큐 하고 남은 야채에 소세지만 넣고 굽는 방법으로 새로운 메뉴 완성할 수 있다.
첨가물이 들어간 소세지는 끓는 물에 데쳐내면 80% 정도를 제거할 수 있다.

Tip

# 낙지
# 볶음

4인분 | 25분

## First
## 재료준비

낙지 2마리  새송이버섯 2개  풋고추 2개  양파 1/2개
대파 1대  라면 1봉

**소스** 고추장, 고추가루 2큰술씩  고추기름 1큰술
굴소스 또는 간장 1큰술  설탕 1/2큰술  마늘 1큰술
마요네즈, 토마토케찹 1큰술씩  참기름 1큰술
깨소금 1큰술  후추 약간  물녹말 2큰술

끓는 물에 손질한 낙지를 데쳐 양념장에 무친다.

달군 팬에 고추기름을 두르고 야채를 넣고
볶다가 낙지를 넣고 센 불에서 재빨리 볶아준다.

마지막으로 풋고추, 대파, 물녹말을 넣고 한소끔
끓인 후 참기름, 통깨로 마무리한다.

---

낙지는 내장과 먹물을 제거하고 굵은 소금을 넣어 바락바락(세게 주물러 준다는 표현) 찬물에서 헹궈서 준비한다.
물녹말을 사용하면 나중에 물기가 많이 생기는 것을 막아준다. 물과 녹말을 1:1~2의 비율로 섞어 만든다.

Tip

Cuisine for fonny travel

# 미트꼬치구이
# & 칠리소스

4인분 | 30분

## First
### 재료준비

갈은 쇠고기 100g   갈은 돼지고기 100g   다진 양파 3큰술
계란 1큰술   소금 1/2작은술   후추 약간

**소스** 칠리소스 5큰술   두반장 1/2큰술   고추기름 1큰술   꿀 1큰술

Second
과정

다진 양파 볶아 식힌다.

갈은 쇠고기, 돼지고기와 다진 양파, 달걀
노른자, 소금, 후추를 넣고 많이 치대어준다.

반죽한 고기를 사방 3cm정도의 큐브형으로
모양을 만들어 팬에서 지져낸다.

익은 쇠고기를 꼬치에 꽂아
오븐이나 팬에 익힌 후 칠리소스를 발라준다.

갈은 고기를 구입하여 칼날도 더 다져 주어야 모양을 잡아 익힐 때 수축이 덜 된다.
쇠고기만 사용하는 것 보다는 쇠고기:돼지고기=1:1~2:1의 비율로 섞는 것이 부드럽다.

Tip

# 얼큰부대찌게
# & 수제비

4인분 ┃ 40분

스팸小 1캔   프랭크소세지 3개   캔콩 1/2캔
사골육수 2봉   다진 돼지고기 100g   배추김치 100g
느타리버섯 50g   양파 1/2개대파 1대   슬라이스치즈 1장

**소스**   고추가루 2큰술   국간장 1큰술   청주 1큰술
마늘 1큰술   생강 2작은술   후추 약간

돼지고기를 밑간하기 (간장, 파, 마늘, 후추)

전골냄비에 모든 재료를
보기 좋게 담아 양념장을 넣고 끓인다.

끓으면 치즈를 넣고 녹으면
수제비를 넣어 끓인다.

기호에 따라 남은 국물에 라면, 우동 등 전분이 함유된 재료를 넣음으로써 잡맛도 잡고 구수하게 즐긴다.

Tip

# 삼겹살 콩나물 찜

4인분 | 30분

**First**
재료준비

삼겹살 300g  찜용 콩나물 300g  대파 1대  풋고추 1개
다시마육수 1/2컵  찹쌀가루 1큰술  전분 1큰술  물 3큰술

**소스**  고추가루 3큰술  다진 마늘 1큰술  간장 3큰술
설탕 1작은술  청주 1큰술  생강 다진 것 1작은술
후추 약간  참기름,통깨 1/2큰술씩  소금 1/3작은술

| Second
**과정**

돼지고기에 분량대로 만든 양념장을 넣고
주물러 놓는다.

전골냄비에 돼지고기와 다시마육수를
넣고 고기가 익도록 끓인다.

콩나물과 나머지 양념장을 넣고
콩나물 비린내가 없도록 익힌 후 대파,
풋고추를 넣고 간이 고루 배도록 끓인다.

찹쌀물을 넣어 걸쭉하게 농도를 맞춘 후
참기름, 통깨를 넣고 한소끔 끓여낸다.
(전분+찹쌀가루+물 3큰술)

찜용 콩나물이 없을 경우 일반 짧은 콩나물을 삶아 찬물에 헹군 것을 마지막 단계에 넣어 양념을 섞어 주어도 된다.    Tip

# Cuisine for fonny travel

## 후루츠
## 펀치

4인분 | 10분

**First**
**| 재료준비**

후루츠칵테일小 1캔   오렌지주스 3컵   애플민트 약간
레몬 1개   시럽 1/4컵   사이다 2컵   백포도주 3큰술

## Second
## 과정

시럽에 사이다를 넣고 스퀴즈로 레몬즙을 짜서
섞은 후 차게 준비한 후루츠칵테일을 넣는다.

차게 준비한 펀치에 먹기 직전에
각얼음과 애플민트를 위에 띄워낸다.

럼주가 있다면 몇방울 떨어 뜨리면 향이 훨씬 좋아진다.

Tip

# 해장야채
## 라면

4인분 | 25분

**재료준비**

라면 1봉  콩나물 70g(한줌)  녹차티백 1개  풋고추 2개
시금치 또는 치커리 30g  물 3컵  당근 30g  대파 1/2대

냄비에 물을 붓고 콩나물, 녹차티백을 넣고
물이 끓기 시작하면 녹차티백은 건져낸다.

끓는 물에 라면만 넣어 살짝 데쳐 내듯이
기름기를 뺀 후 찬물에 헹군다.

녹차티백 육수에 라면스프와 시금치, 당근을 넣어
끓이다가 미리 삶은 라면을 넣고 대파, 풋고추를 넣어
마무리한다.

먼저 찬물에 녹차티백을 넣고 끓인 후 콩나물을 넣어 끓인 그 다음 나머지 야채와 데쳐낸 라면을 넣어야 개운하다.                    Tip

# 야채
# 섞어
# 부침개

4인분 | 20분

### First
### 재료준비

부침가루 2컵  튀김가루 1/2컵  감자 1개  당근 1/3개
쪽파(대파) 30g  상추, 쑥갓, 풋고추 30g씩  물 2컵
소금 1/2작은술

**소스** 간장 2큰술  식초 1.5큰술  설탕 1작은술
고추가루 약간

부침가루와 튀김가루를 3:1의 분량대로 섞어서 물을 붓고
거품기로 멍울이 없이 푼다.

반죽에 미리 준비한 야채를 넣고 국자로 살살 고루
버무린다. (거품기로 저으면 야채가 끼어서 불편하다.)

달군 팬에 기름을 넉넉이 두르고 반죽을 얇게 펴서
노릇하고 바삭하게 부쳐낸다.

부침개의 가장 중요한 포인트는 부침가루와 튀김가루를 섞어서 사용하면 훨씬 쫀득하면서도 바삭한 질감을 준다.    Tip

# 5

# Homemade dish

## 안주가 필요할 때

한가한 주말을 더욱 풍성하게~
그녀들의 파자마 파티,
커플들끼리의 포틀럭 파티,
남자들끼리 수다모임,
손수 준비한 안주로
모락모락 피어나는 우정과 사랑~

도토리묵퀴방이무침　매콤닭발볶음　와인홍합찜　얼큰오댕탕　기조개양지조구이　케이준치킨샐러드
시금치립소스피자　옥수수버터구이　홍도 & 레몬에이드　타이종루룰샐러드　오크노미야끼　돈죽냄새

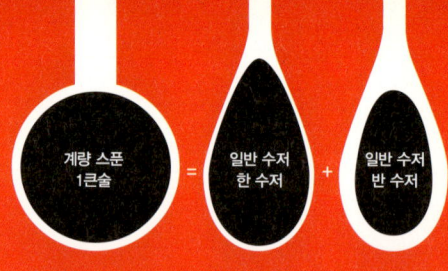

계량 스푼
1큰술 = 일반 수저 한 수저 + 일반 수저 반 수저

**기본 계량**

1컵 200cc    1큰술 15cc    1작은술 5cc

**계량 스푼**

1큰술(tablespoon-15cc)과 1작은술(1teaspoon-5cc)로 나뉜다.

● **가루류를 계량할 때**

수북히 담아 윗면을 수평이 되게 깎아낸 것이 1큰술이라고 할 수 있다.

일반 밥수저로 수북이 담은 양과 같다.

● **액체류를 계량할 때**

일반 밥수저로 한수저 + 1/2큰술 량과 같다.

(문제는 요즘 각 가정의 수저 모양과 량이 조금씩 다르다는 것이다.)

**계량 컵**

1큰술(tablespoon-15cc)과 1작은술(1teaspoon-5cc)로 나뉜다.

● **가루류를 계량할 때**

수북히 담아 나무젓가락 같이 수평이 되는 것으로 깎아서 수평이 되게 계량한다.

● **액체류를 계량할 때**

찰랑이면서 흐르지 않을 정도로 가득 담는 것을 한컵이라 할 수 있다.

우리나라는 200cc, 미국은 240cc, 유럽은 254cc를 1컵으로 기준한다.

계량컵이 없을 경우 종이컵을 대체하여 사용할 수 있다.

# 과학적인 요리를 위한 **기본 계량법** 익히기

단순히 먹거리가 아닌 요리로 승화시키려 한다면
반드시 지켜야할 조건 중에 하나가 계량의 정확도라고 할 수 있다.
초보자들이 늘 하는 요리대한 하소연 하나가 할 때 마다 맛이 다르다는 것과
'조금', '약간', '한줌' 등과 같은 어림잡아 요리과정을 설명하는 것이다.
이 문제를 말끔이 해결하고 요리를 위해 시간과 노력을 투자하려는 분께
한가지 적극 추천한다면 그것은 바로 주방의 계량기구 비치이다.
계량스푼, 계량컵, 저울 정도는 가지고 있어야 늘 기분에 따라가 아니라
일정한 맛을 유지하고 어떠한 참고 서적을 보더라도 같은 맛을 낼 수있다.

# 도토리
# 골뱅이
## 무침

4인분 ▎ 20분

First
### 재료준비

도토리 묵 1/2모  골뱅이小 1캔  풋고추 1개  오이 1/2개
당근 30g  깻잎 1/2단  상추, 쑥갓 50g

**소스** 간장 3큰술  설탕 1큰술  식초 1큰술
들기름 또는 참기름 1큰술  다진 파, 마늘 1큰술씩
들깨가루 또는 통깨 1큰술  고춧가루 2큰술

Second
### 과정

1

깍두기 모양으로 썬 도토리묵과 얇게 썬
골뱅이를 들기름, 소금으로 버무려 밑간한다.

2

야채에 양념장을 버무려 접시에 담고
밑간한 묵과 골뱅이를 위에 올린 후 먹을 때
살살 버무려먹는다.

---

도토리묵 무침을 할 때 들기름, 소금으로 밑간을 해놔야 싱겁지 않다.　　Tip

# 매운닭발
# 볶음

4인분 | 35분

## 재료준비

닭발 300g   풋고추 2개   대파 1/2대

**양념장** 고추장 1큰술   고추가루 2큰술   마늘 2큰술
생강 2작은술   물엿 2큰술   설탕 1/2큰술   미림 2큰술
간장 2큰술   참기름 1큰술   청양고추 3개

**데치는 물** 물 4컵   소주 1/2컵   생강 1쪽
통후추, 대파잎 약간

## 과정

**1**

닭발에 소주를 붓고 밀가루를 넣어
바락바락(세게 주물러 준다는 표현) 주물러
씻어 헹군다.

**2**

물에 소주, 통후추, 대파를 넣고
끓는 물에서 10분 정도 데쳐낸다.

**3**

닭발이 뜨거울 때 양념장으로 밑간을 재워
중불에서 잘 볶아주면서 풋고추, 대파를 넣고
마무리한다.

---

닭발의 누린내는 밀가루와 소금 등의 전처리 작업을 통해 없앨 수 있다.   **Tip**

# 와인
# 홍합찜

4인분 | 20분

| First
| 재료준비

홍합 600g   화이트와인 1컵   양파 1/2개씩   마늘 3쪽
페페로치니 3개   버터 1작은술   후추 약간씩   샐러리 30g

Second
| 과정

냄비에 버터와 올리브유를 조금 두르고 편 썬 마늘을
중불에서 볶다가 고추, 다진 양파 순으로 넣어 볶는다.

와인을 넣고 끓으면 홍합을 넣은 뒤 두껑을 덮고
입을 벌릴 때까지 끓이다가 볼에 담아낸다.

와인은 이탈리아산 백포도주를 사용하는 것이 좋다.
조개에서 짠맛이 나오므로 소금은 생략해도 된다.

Tip

# 얼큰
# 오뎅탕

4인분 ┃ 40분

**First**
**재료준비**

어묵탕용 1팩  홍고추 1개  쑥갓 30g

**국물** 무 200g  다시마 사방10cm  통후추 1/2작은술
청양고추 3개  황태머리 1개  멸치 30g  국간장 1큰술
맛술 3큰술  소금 1작은술  피망 1개  물 5컵

육수는 재료를 모두 넣어 분량대로 만들고
무, 다시마를 먹기좋게 잘라 놓는다.

끓는 물에 어묵을 데쳐낸다.

육수에 국간장, 맛술, 소금간을 하고 어묵, 무를 넣고
끓이다가 먹기 직전에 쑥갓, 송송썬 고추를 올려낸다.

기호에 따라 와사비 간장을 곁들여내면 좋다.
갠 와사비와 간장 1큰술, 육수 1큰술, 맛술 1/2큰술, 레몬 한 조각, 송송썬 실파를 섞으면 와사비 간장 완성.

Tip

*Homemade dish*

# 키조개
# 양념치즈
## 구이

4인분 | 30분

| First
| 재료준비

키조개 1개　중하새우 3마리　풋고추 2개　홍고추 1개
옥수수 2큰술　양파 1/2개　모짜렐라치즈 1/3컵
고추기름 1큰술

**소스** 고추장 1큰술　고추가루 2큰술　참기름 1큰술
간장, 설탕, 물엿 1큰술씩　마늘 1큰술　통깨 1큰술

팬을 달군 후 고추기름을 두르고
키조개와 새우를 볶는다.

야채를 넣고 양념장을 넣어 센 불에서 볶아낸다.

키조개 껍질의 안쪽에 수분을 닦아 낸 후
볶은 야채와 키조개, 새우를 담고 모짜렐라치즈를
얹어 200℃로 예열된 오븐에서 8~10분 구워내거나
약불에 올려 가열하여 치즈를 녹인다.

# 케이준
# 치킨
## 샐러드

4인분 | 30분

### First
**재료준비**

닭가슴살 200g · 소금, 백후추 약간 · 적양파 1/2개
방울토마토 3개 · 양상추 100g · 삶은 메추리알 5개
밀가루 3큰술 · 생달걀 2개

**튀김옷** 빵가루 1/2컵 · 전분 3큰술 · 밀가루 4큰술
파슬리가루 1/2큰술 · 바질 1/2큰술 · 소금 1/3작은술
케이준시즈닝 2작은술 · 튀김기름 적당량

**소스** 머스타드 4큰술 · 마요네즈 4큰술 · 식초 3큰술
설탕 4큰술 · 소금 1/3작은술

닭가슴살을 포떠서 소금, 후추로 밑간한다.

밀가루와 계란으로 튀김옷을 골고루 눌러 묻힌다.

170℃ 기름에 노릇하게 튀겨 접시에 야채와 튀긴 닭을 먹기 좋게 잘라 올리고 머스타드 소스를 끼얹는다.

튀김옷을 입힌 닭고기를 냉동해 두었다가 필요할 때 튀겨내면 간편하다.　Tip

# 시금치
# 딥소스
## 피자

4인분 | 25분

## First
### 재료준비

또띠아 1장   호두, 아몬드 적당량   모짜렐라치즈 100g
베이컨 2장

**소스** 시금치 50g   크림치즈 50g   파마산치즈 2큰술
생크림 3큰술   소금 약간   마늘 1작은술

## Second
### 과정

1

시금치는 끓는 물에 데쳐서 굵게 갈아
나머지 소스재료를 넣고 섞는다.

2

또띠아에 올리브오일을 바른다.

3

또띠아에 시금치소스를 바르고
견과류, 베이컨, 모짜렐라치즈를 올려서
230℃ 오븐에서 5~8분 정도 굽는다.

---

또띠아 대신 식빵이나 바게트빵를 사용해도 된다.

Tip

Homemade dish

# 옥수수
# 버터
# 구이

4인분 ▌ 40분

First
재료준비

옥수수 1컵  당근, 양파 30g씩  피망, 오징어 30g씩
베이컨 30g  모짜렐라치즈 3큰술  버터 1/2큰술

**소스** 마요네즈 3큰술  설탕 1/2큰술  달걀 노른자 2개
소금 1/3작은술  백후추 약간

달걀 노른자 2개를 따로 풀어놓은 다음
볼에 마요네즈, 설탕, 소금을 넣고 풀어놓은
달걀을 조금씩 넣으며 거품기로 저어서
설탕과 소금을 완전히 녹인 후 백후추를
약간 넣고 냉장고에서 30분 숙성시킨다.

팬을 달군 후 식용유를 두르고 양파〉베이컨
〉당근〉피망〉오징어 순으로 넣고 센 불에서
볶는다.

스테이크 철판에 버터를 약 불로 녹이고
노릇하게 지져낸 다음 모짜렐라치즈를
조금 얹고 볶은 야채를 위에 올린 후
숙성시킨 소스를 붓고 바로 불을 끈다.

소스는 미리 만들어 냉장고에 숙성시켰다가 사용해야 달걀 비린내를 없앨 수 있다.

Tip

*Homemade dish*

# 황도
# 레몬
# 에이드

4인분 | 15분

**| First**
**재료준비**

레몬 3개　사이다 3컵　황도 1캔
얼음 적당량　시럽 3큰술

Second
과정

**1**

레몬 2개는 즙을 짜서 준비하고
나머지 한 개는 반으로 잘라 얇게 저민다.

**2**

모든 재료를 섞은 후 얼음을 띄우고
민트로 장식한다.

당분과 비타민이 풍부하여 숙취해소에 도움이 된다.                    Tip

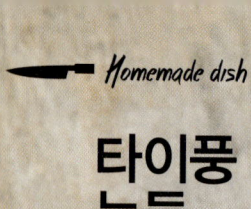

# 타이풍
# 누들
# 샐러드

4인분 | 25분

버미샐리 50g  칵테일새우 10마리  적양파 1/4개
겨자잎 3장  적·노란색 파프리카 1/2개씩  바나나 1개

**소스** 피시소스 2큰술  레몬 또는 라임즙 2큰술
파인애플주스 4큰술  다진 마늘 1큰술  사이다 2큰술
홍고추 다진 것 2큰술  청양고추 다진 것 3큰술
설탕 1큰술  파인애플 1p/c  사이다 2큰술

Second
과정

불린 버미샐리를 끓는 물에 3분 정도
담갔다가 건져 찬물에 헹궈 물기를 뺀다.

칵테일새우는 끓는 물에 넣었다가 건져
찬물에 헹군다.

바나나는 굵게 어슷 썰어 레몬즙을 살짝 뿌려
접시에 바나나를 깔고 국수와 야채를 섞고
소스에 버무려 담아낸다.

*Homemade dish*

# 오꼬노미야끼

4인분 | 30분

## First
**재료준비**

오징어 1/2마리  새우 5마리  베이컨 2장  숙주 50g
양배추 100g  마요네즈 1큰술  가다랭이포 약간

**소스** 오꼬노미소스 1/2컵  타바스코 1큰술

**박죽** 중력분 1컵  달걀 1개  물 2/3컵

## Second
**과정**

밀가루에 달걀, 물을 넣고
반죽을 한 후 채 썰어 놓은 부재료를 섞는다.

달군 팬에 기름을 두르고 반죽을
지름 15cm정도로 약간 두툼하게 부쳐서
앞, 뒤를 익혀 접시에 담아낸다.

부친 오꼬노미야끼 위에 소스를 얇게
펴 바르고 마요네즈로 모양을 낸 후
가다랭이포를 기호에 맞게 올려낸다.

마를 강판에 갈아 섞거나 마가루를 섞으면 훨씬 구수한 맛을 낼 수 있다.　　　　Tip

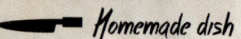

*Homemade dish*

# 돈족냉채

4인분 | 25분

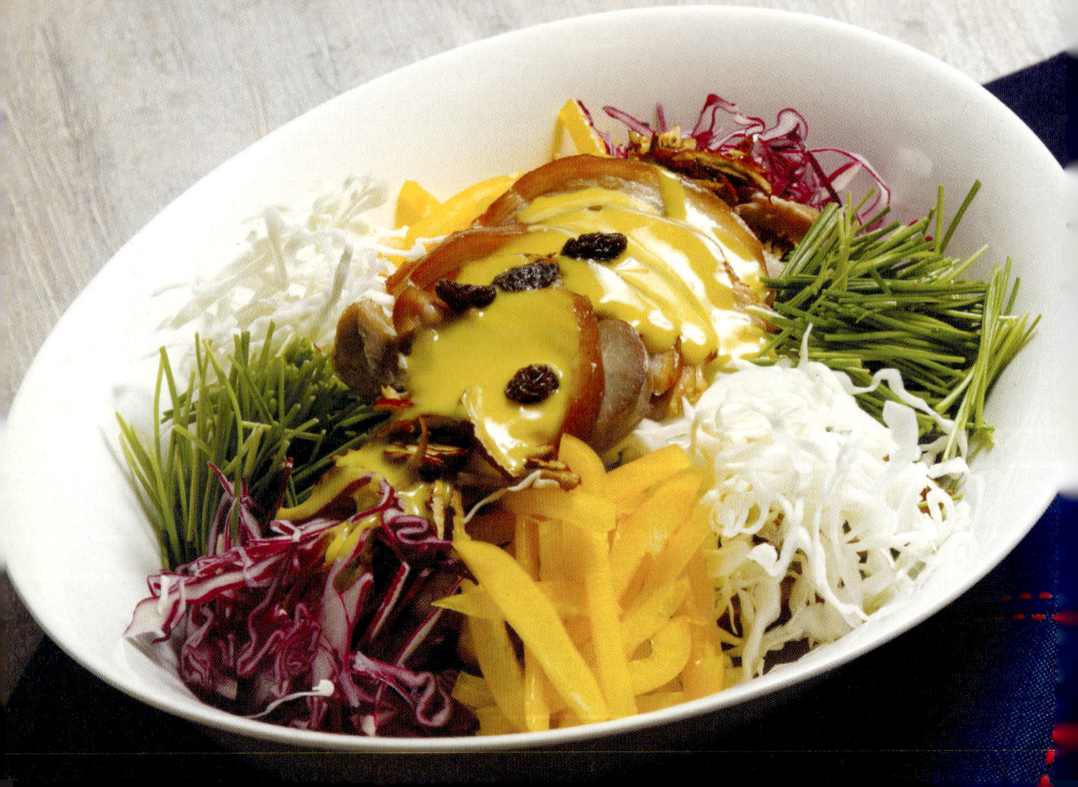

First
**재료준비**

족발 200g  양배추 100g  적채 50g  노란파프리카 1개씩
영양실부추 100g  대추 10개  건포도 2큰술

**소스**  겨자 2큰술  식초, 설탕 2큰술씩  연유 1큰술
오렌지주스 3큰술  마늘 1큰술  간장 1/2큰술
소금 1/2작은술  참기름 1/2작은술

Second
**과정**

연겨자와 설탕을 먼저 섞은 후
나머지 소스재료 넣고 만들어 차게 준비한다.

미리 채썰어 놓은 야채와 편썬 족발을
접시에 보기좋게 담아 소스를 뿌린다.

냉채이므로 소스뿐만아니라 모든 재료를 차게 준비해두면 더욱 맛있다.            Tip

# $^{6}$Canned food

바쁜 당신을 위한 통조림 요리

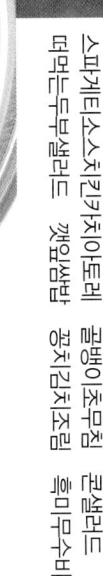

'

인스턴트, 정크푸드는
나.쁘.다?
불쑥 찾아온 그녀를 감동시킬 수 있다면?
바쁘고 지친 당신에게 멋진 한 끼 식사라면?
나.쁘.지.않.다!
통조림을 활용한 훌륭한 요리가 여기 있다!

'

## 용기·음식쓰레기 정리하기

일반쓰레기(냅킨, 뼈, 조개껍질 등)와 음식물쓰레기를 나눈다.

## 그릇 분류하기

식사후 접시, 밥공기, 국그릇 등 종류와 음식의 기름기가 있는 것과 없는 것을 구별하여
나눈다. 미리 물에 불려야하는 것과 불릴 필요가 없는 것을 구별한다.
구별 후 세제를 설거지할 그릇 중에서 넉넉한 곳에 물과 함께 풀어 준비한다.
물과 세제의 비율은 10:1로 한다.

## 설거지 순서 정하기

- 유리나 깨지기 쉬운 컵, 그릇을 먼저 씻는다.
- 작은 설거지(수저, 젓가락, 포크 등)
- 밥공기, 국그릇 등 기름기가 적은 것부터 씻는다.
- 기름기 있는 작은 그릇에서 부터 시작해서 큰 그릇 순으로 한다.
- 눌러있는 팬이나 밥솥이 있을 경우 다른 설거지를 하는 동안 물을 붓고 끓여 기름기와 눌러 붙은 곳을 불린다.
- 헹굴 때는 가능하면 따뜻한 물에 망사 수세미를 이용하여 말끔히 헹궈낸다.
- 물기가 잘 제거 되도록 그릇을 정리한다.
- 마지막으로 싱크대에 남아있는 기름기와 세제찌꺼기가 바닥이나 모서리에 끼지 않게 정리한다.(철 수세미는 따로 준비하여 필요할 때마다 쓰고 평상시에는 스폰지수세미등으로 이용한다.)
- 설거지 후 싱크대 주변에 물기가 없도록 마른 행주로 마무리한다.
- 행주는 뜨거운 물에 세제를 넣고 비벼 빨아 널어 놓고 일주일에 최소한 한두 번은 삶아 준다.

## 하수구 찌꺼기 정리하기

사이사이 낀 음식 찌꺼기를 확실히 없앤다.

내 남자를 위한 **Advice**

요리
**초보자**를 위한
**설거지 노하우**

*Canned food*

# 스파게티소스
# 치킨카치아토레
2인분 | 35분

닭다리 2개  마늘, 양송이버섯 4개씩  피망 1개
양파 1/2개  스파게티소스 2컵  화이트와인 1/2컵
우스터소스 1큰술  치킨스탁 1컵  설탕 1/2큰술

CUISINE CRAFTS

허브솔트로 밑간을 한 닭다리에 밀가루를 얇게 입혀
달군 팬에 노릇하게 지져 건져 놓는다.

양파, 마늘을 넣고 소금, 후추로 간을 해서 볶다가
화이트와인을 붓고 끓인다.

스파게티소스, 육수, 양송이버섯, 닭다리를 넣고
푹 끓이다가 마지막에 피망을 넣는다.

닭다리살 대신 닭볶음탕용 닭을 활용해도 된다.

Tip

# 골뱅이
# 초무침

2인분 | 20분

| First
**재료준비**

골뱅이 100g   양파 1/2개   오이 1/2개   사과 1/2개
쪽파 5줄기   당근 30g

**양념장** 고추장 2큰술   고추가루 3큰술   간장 1큰술
소금 1작은술   식초 3큰술   설탕 2큰술   마늘, 물엿 1큰술씩

| Second
**과정**

• 양념장을 미리 분량대로 만들어 놓는다.

• 미리 썰어 놓은 골뱅이, 야채에 양념장를
살살 버무린 후 마지막으로 참기름과 통깨를 뿌린다.

양념장이 빡빡 할 경우 골뱅이캔 국물 1~2큰술을 넣어준다.
식초는 2배식초를 사용해야 물이 덜 생기고 더 싱큼하다.

Tip

# 콘
# 샐러드

2인분 | 20분

**First**
**재료준비**

옥수수 2컵   홍피망, 청피망 1/2개씩
양배추 50g   양파 1/4개

**소스** 식초 2큰술   연유 2큰술   마요네즈 2큰술
소금 약간   백후추 약간

양파, 양배추를 사방0.8cm크기로 썰어서
식초, 설탕, 소금 절였다가 물기를 뺀다.

소스는 분량대로 만들어
옥수수, 절인 야채와 섞어 버무린다.

옥수수캔은 보존료, 산화방지제 등의 첨가물을 제거하기 위해 사용할 때 꼭 물에 꼼꼼이 헹궈 수분을 빼고
사용하는 것이 좋다. 예) 옥수수, 옥수수전, 죽, 빵, 버터구이, 샐러드 등 다양하게 활용한다.

Tip

*Canned food*

# 냉동새우튀김
# & 타르타르소스

2인분 | 150분

**First**
재료준비

냉동새우 10마리 튀김기름적당량
**소스** 양파 1/2개 삶은 달걀 1개 파슬리 가루 1/2작은술
피클 1개 레몬 1조각 소금, 후추 약간 마요네즈 4큰술 피망 1/2개

다진 양파에 소금을 넣고 절인 후
거즈에 싸서 흐르는 물에서 매운맛을 없앤 후
수분을 제거한다.

나머지 다진 모든 재료(삶은 달걀, 피망, 피클,
파슬리 가루)를 마요네즈에 버무리고 레몬즙을 뿌린다.

170℃의 기름에 빵가루 묻힌
새우를 노릇하게 튀겨내고 소스를 곁들여낸다.

복잡하고 번거롭던 손질을 냉동식품으로 대체하면 초보자도 초간편 핸드메이드 소스를 이용한 요리를 할 수 있다.     Tip

*Canned food*

# 고등어
# 무
## 조림

2인분 | 25분

**First**
재료준비
고등어캔 1통 무 200g 깻잎 1묶음

**소스** 고추가루 2큰술  생강 1작은술  마늘 1큰술
고추장, 두반장 1큰술씩  간장 1큰술  멸치육수 1/2컵

Second
| 과정

냄비에 무를 깔고 멸치육수와 고등어통조림 국물을 넣고
중불에서 7~8분 정도 무가 익을 정도로 끓인다.

무가 투명하게 반정도 익으면 양념장 1큰술을
무 위에 얹고 고등어를 얹고 사이, 사이에 깻잎을
넓적하게 올려 중불에서 무에 간이 충분히 배이도록
국물이 약간 남을 정도로 조린다.

비린내를 없애기 위한 깻잎이 없을 경우 대파를 사용해도 된다.
생선조림에 두반장을 사용하면 비린내 제거에도 효과가 있고 약간의 매운맛도 줄 수 있다.

Tip

*Canned food*

# 떠먹는
# 두부
# 샐러드

2인분 | 10분

샐러드용 두부 1팩

**소스** 간장 2큰술  식초 1큰술  설탕 1큰술
마늘 1작은술  포도씨유 2큰술  참기름 1/2큰술
홍고추 1/2개  레몬즙 1/2큰술  베이비채소 30g

분량대로 소스를 만들어 차게 준비한다.

그릇에 두부를 담고 수저로 가운데를
오목하게 파고 야채를 올린다.

먹기 직전에 소스를 붓는다.

드레싱을 미리 만들어 밀폐용기에 담아 둘 경우 1주일 정도 사용 가능하다.

Tip

*Canned food*

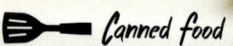

# 깻잎 쌈밥

2인분 | 15분

First
### 재료준비

밥 1공기 깻잎캔 1/2캔 갈은 쇠고기 100g 간장 1큰술 설탕 2/3큰술 맛술 2큰술 마늘 1/2큰술 다진파 1큰술 참기름 1/2큰술 통깨 1작은술

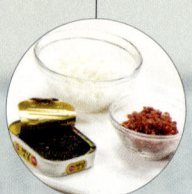

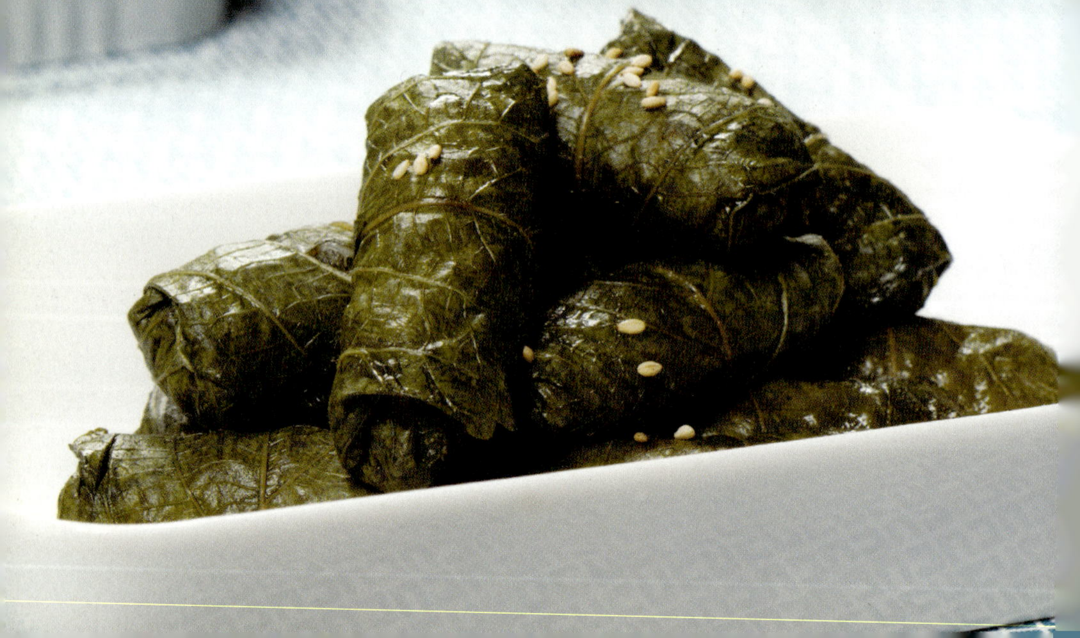

갈은 쇠고기에 양념하여 무친 후 팬에 볶는다.

밥에 볶은 쇠고기를 넣어 비벼 한입 크기로 뭉쳐 놓는다.

깻잎의 국물을 받쳐내고 한 장씩 펴서 밥을 보기 좋게 싼다.

속재료는 참치, 볶은 멸치, 볶은 김치 등으로 변화를 줘도 좋다.

Tip

# 꽁치
# 김치
# 조림

2인분 | 25분

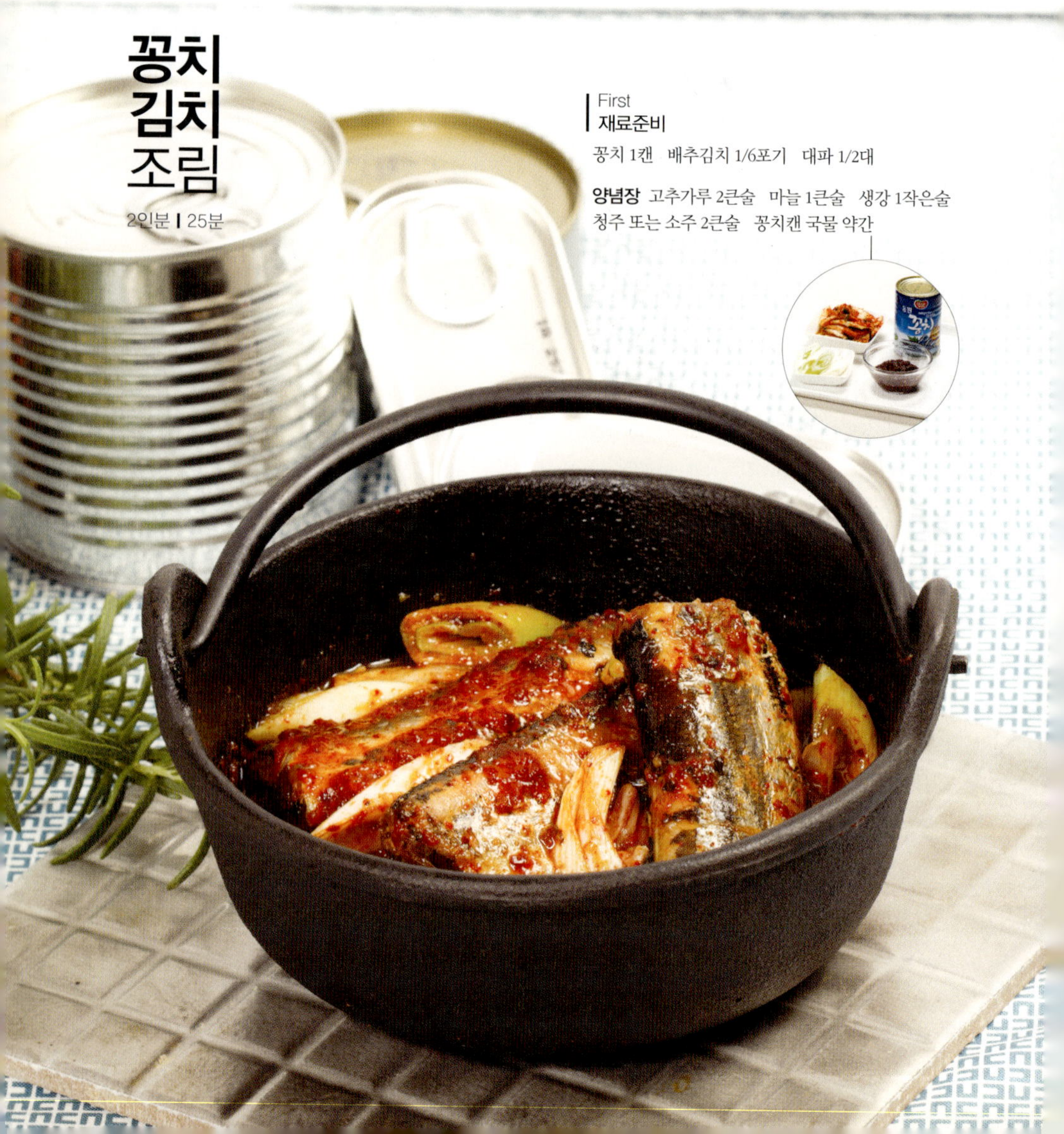

## 재료준비

꽁치 1캔  배추김치 1/6포기  대파 1/2대

**양념장** 고추가루 2큰술  마늘 1큰술  생강 1작은술
청주 또는 소주 2큰술  꽁치캔 국물 약간

냄비에 김치를 바닥에 깔고 꽁치 통조림을 국물까지 붓고
양념장을 풀어 중불에서 끓인다.

김치가 익으면 어슷썬 대파를 넣고 뚜껑을 열고
한소끔 끓여낸다.

생선통조림은 잔뼈까지 먹을 수 있으며 무섭다면 김치랑 곁들이면 안전하게 뼈까지 먹을 수 있다.    Tip

*Canned food*

# 흑미
# 무수비
# 김밥

2인분 | 30분

## First
## 재료준비

흑미잡곡밥 1공기  스팸 1캔  계란 4개  청양고추 2개
홍피망 1/2개  구운김 2~3장  맛술 1큰술
소금 1/2작은술  후리가께 1큰술  참기름 1/2큰술

**Second**
**과정**

1 흑미잡곡밥에 후리가께와 참기름을 넣고
비벼 놓는다.

2 풀어 놓은 계란에 다진 청양고추와 홍피망을
맛술, 소금과 섞어서 두툼히 지단을 부친다.

3 0.7cm 정도로 편썬 스팸을 팬에 지져낸다.

4 무수비 틀 또는 스팸 틀을 이용하여 > 밥
> 계란지단 > 스팸 > 계란지단 > 밥 순으로
층층이 눌러 쌓은 뒤 틀에서 빼서
자른김에 싸서 먹기 좋은 크기로 썬다.

**끓는 물에 스팸을 살짝 넣어다가 건져서 편 썰면 짠맛과 첨가물을 줄일 수 있다.**

Tip

# <sup>7</sup>Perfect Meal

한 끼라도 제대로 차려먹고 싶을 때

험한 세상, 정말로 고생 많으십니다.
당신은 대접받을 자격이 있습니다.
고생한 당신과 그녀를 위로할 요리!
고급 한식당의 메뉴를 당신 식탁으로!

버섯된장찌개 동태고추장찌개 버저럽순두부찌개 쇠고기미역국 쇠고기덮밥
미역국부 제육볶음 북어기개른찜 버섯불고기 오징어볶음

## 기본 밥짓기

- 1단계 쌀씻기

거품기를 활용하면 편하고 쌀알이 으깨어지지 않게 씻을 수 있다.

- 2단계

쌀을 씻어 찬물에서 20분 불렸을 경우 쌀과 물을 1:1로 넣는다.

- 3단계

가열하기 > 센불 > 중불 > 약불.

- 4단계

5~10분 뜸 들이기.

## 밥솥에 따른 밥물 잡기

- **압력솥으로 밥짓기**

1. 씻어 불린 쌀일 경우 쌀과 물을 1:0.9로 일반 밥솥에 비해 물을 적게 잡는다.
2. 센불로 가열하여 끓으면 딸랑거리며 추가 움직이면 바로 불을 끈다.
(솥의 재질에 따라 스테인레스 재질에 두꺼우면 바로 불을 끄고 알루미늄의 재질일 경우는
불을 약불로 줄여 5분 정도 뜸을 들이다가 불을 끈다.)
3. 김 빠짐을 확인 후 뚜껑을 열어 주걱으로 밥을 살살 섞어준다. 오랫동안 식히면 덩어리진다.

- **일반 전기밥솥으로 밥짓기**

1. 쌀을 씻어 20분 정도 불려서 쌀과 물을 1:1비율로 밥물을 잡는다.
2. 취사를 눌러준다. 햅쌀은 쌀과 물의 비율이 1:1.1, 찹쌀은 1:0.9이다.

- **냄비에 밥짓기**

1. 쌀을 씻어 20분 정도 불린 후 쌀과 물을 1:1에서 1:1.2로 넣는다.
2. 센불에서 끓여 끓기 시작하면 중불로 줄여서 5분 더 가열한다.
3. 최대한 약한 불에서 5분 정도 가열한다.
4. 불을 끄고 5~10분 뜸들이기 한 후 주걱으로 저어 풀어준다.

## 맛있는 잡곡밥 짓기

현미찹쌀: 12~24시간 불려서 물에 담가 냉장 보관한다.

말린 콩: 4~5시간 불려서 물에 담가 냉장 보관한다.

보리쌀: 통보리는 미리 삶아서 준비하고 요즘에는 바로 밥짓기 할 수 있도록 가공되어 나오는 것을 이용하면 편하다.

1. 쌀을 씻어 불리고 미리 불려서 냉장 보관한 것과 섞어서 이용할 때 보통 쌀과 잡곡과의 비율은 취향에 따라
변화 있게 지어도 된다. 물과 잡곡쌀을 1.2:1배로 넣어준다.
2. 센불에서 가열 후 중불로 불의 세기를 조절한다.
3. 일반 쌀밥 보다 뜸들이는 시간을 조금 더 늘리는 것이 찰진 질감과 구수한 맛을 살릴 수 있다.

내 남자를 위한 **Advice**

# 맛있는
# 밥짓기

# 버섯
## 된장
### 찌개

2인분 | 25분

## First
### 재료준비

표고버섯 2개
호박 1/4개
새송이버섯 1개
청양고추 2개
팽이버섯 1/4봉
양파, 감자 30g씩
멸치육수 4컵
된장 4큰술
부추 20g
두부 50g

◀■▶ 육수에 된장을 풀어 불린
표고버섯 썬 것을 먼저 넣고 끓인다.

◀■▶ 끓는 찌개에 감자 > 양파 > 청양고추 > 두부 >
새송이버섯 순으로 넣고 중불에서 서서히 끓인다.

◀■▶ 마지막으로 부추, 팽이버섯으로 마무리한다.

육수가 졸아들 것을 생각하여 육수량과 된장량을 잡는다.

Tip

*Perfect Meal*

# 동태
# 고추장
## 찌개

2인분 | 25분

First
## 재료준비

동태 1마리  두부 200g  무 100g  쪽파 3뿌리
애호박 50g  멸치육수 4컵  고추장 2큰술
고추가루 1큰술  소금 1작은술  마늘 1큰술
생각 1작은술  풋고추 1개  홍고추 1/2개  쑥갓 2줄기

멸치육수에 고추장, 고춧가루, 소금을 푼 후
무를 넣고 먼저 익힌다.

무가 말갛게 익기 시작하면 동태 넣기 > 생강 > 두부
> 애호박 > 거품제거 > 마늘 순으로 요리한다.

쪽파 > 쑥갓을 넣어 마무리한다.

동태를 넣고 바로 뚜껑을 덮지 않고 한소끔 끓이다가 덮어야 비린내를 없앨 수 있다.
동태 대신 조기, 꽃게 등 다른 생선류를 넣어 해물탕으로 활용해도 된다.
고추장은 찌개용으로 구입해야 단맛이 적고 개운하다. 재래식용이 좋다.

Tip

*Perfect Meal*

# 바지락
# 순두부
# 찌개

2인분 | 20분

First
재료준비

순두부 200g  바지락 100g  돼지고기 50g
김치 50g  달걀 1개

◀▣▶ 해감을 제거하여 바지락에 물을 붓고 끓여
육수를 준비하고 조갯살은 따로 발라 놓는다.

◀▣▶ 달군 냄비나 고추기름, 고춧가루, 김치, 돼지고기,
국간장을 넣고 달달 볶다가 육수와 순두부를 넣고 끓인다.

◀▣▣▶ 끓기 시작하면 중불에서 은근히 끓이다가 마지막에
마늘, 대파, 소금 간을 하고 계란을 깨뜨려 넣고 불을 끈다.

바지락은 소금물에 담가 2~3번 물을 갈아주어 해감을 제거하여 놓고
찬물에 바지락을 넣고 끓여 육수를 만든 후 조개껍질을 버리고 살만 준비하였다가 나중에 섞는다.

Tip

*Perfect Meal*

# 쇠고기
# 미역국

2인분 | 30분

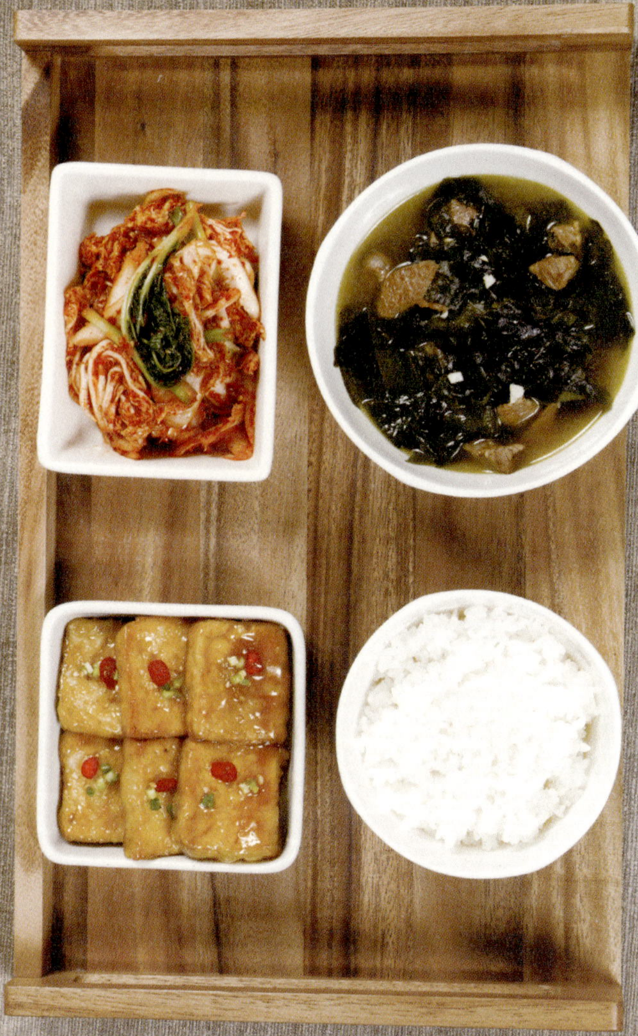

First
| 재료준비

마른미역 20g   쇠고기 100g   국간장 1큰술
소금 1/2작은술   마늘 1작은술   참기름 1/2큰술
액젓 1/2큰술   물 4컵

◀▶ 냄비를 달군 후 참기름을 두르고 쇠고기를
넣어 표면 단백질을 익도록 볶아준다.

◀▶ 미역, 국간장, 액젓을 넣고 잠시 볶다가
물을 넣고 뚜껑 덮어 푹 끓인다.

◀▶ 마지막에 부족한 간을 소금으로 맞추고
마늘을 넣어 마무리 한다.

미역국을 끓일 때는 반드시 재래식 간장(국간장, 조선간장, 청장)을 쓴다. 아닌 경우 색이 검어지고 개운하지 않다.
소금으로만 간을 하면 뒷맛이 쓰므로 국이나 찌개를 끓일 때는 국간장과 액젓 등으로 간을 하는 것이 좋다.
많은 량을 끓일 때는 사태와 양지머리의 핏물을 뺀 후 찬물부터 덩어리로 넣어 푹 끓여서 육수로 사용하고
고기는 찢어서 고명으로 올린다.
미역국을 조리시 파는 넣지 않는다. 파의 미끌거리는 알긴산이 미역의 영양소 흡수를 방해한다.

Tip

 *Perfect Meal*

# 쇠고기
# 덮밥

2인분 | 25분

## First
## 재료준비

쇠고기(등심) 100g  생표고버섯 2장  양파 1/4개
쪽파 2뿌리  달걀 1개  구운 김 약간  밥 1공기
팽이버섯 1/4봉

**국물** 다시물 1컵  간장 2큰술  맛술 2큰술
설탕 1작은술

◀■▶ 냄비에 가쓰오부시육수를 붓고 간장, 설탕, 맛술을 넣고
한소끔 끓여낸다.

◀■▶ 끓는 간장물에 버섯, 양파>쇠고기를 넣고
살짝 익힌다.

◀■■▶ 팽이버섯>계란물과 쪽파를 넣는다.
지그재그로 전체가 씌워지도록 부어 살짝 익힌다.

가쓰오부시(가다랭이포)는 끓는 물에 넣어 바로 불을 끄고 5분 ~10분 후 체에 걸러 사용한다.

Tip

# 마파
# 두부

2인분 | 20분

**First**
**재료준비**

연두부 1모   갈은 돼지고기 50g   다진 생강 1/2큰술
마늘, 고추기름 1큰술씩   파 1큰술   홍고추 1/2개
물녹말 1큰술

**소스** 두반장 1큰술   간장 1.5큰술   청주 2큰술
설탕 1/2큰술   후추 약간   육수 2/3컵

달군 팬에 고추기름을 두르고 생강>마늘>파>홍고추
>돼지고기를 넣고 볶아준다.

두반장소스를 넣고 육수 2/3컵을 넣고 끓인다.

두부에 간이 들도록 약 불에서 끓이다가 물녹말로
농도를 맞추고 참기름, 후추를 넣어 마무리한다.

일반 두부로 사용할 경우 깍둑썰기로 썰어 끓는 물에 소금을 조금 넣고 데쳐 낸 후 소스에 조려서 사용하면 된다.
물녹말은 물과 녹말을 1:1~2의 비율로 풀어 놓은 것을 말하며, 물녹말이 윤기나게 하고 빨리 식는 것을 막아주는
효과와 영양의 흡수를 도와준다.

Tip

*Perfect Meal*

# 제육
# 볶음

2인분 | 25분

돼지고기 200g 양파 1/2개 당근 1/4개 대파 1/2대

**양념장** 고추장 1큰술 고추가루 1큰술 간장 2큰술
맛술 1큰술 설탕 1/2큰술 물엿 1큰술 참기름 1/2큰술
마늘 1큰술 생강 1작은술 통깨 1/2큰술 후추 약간

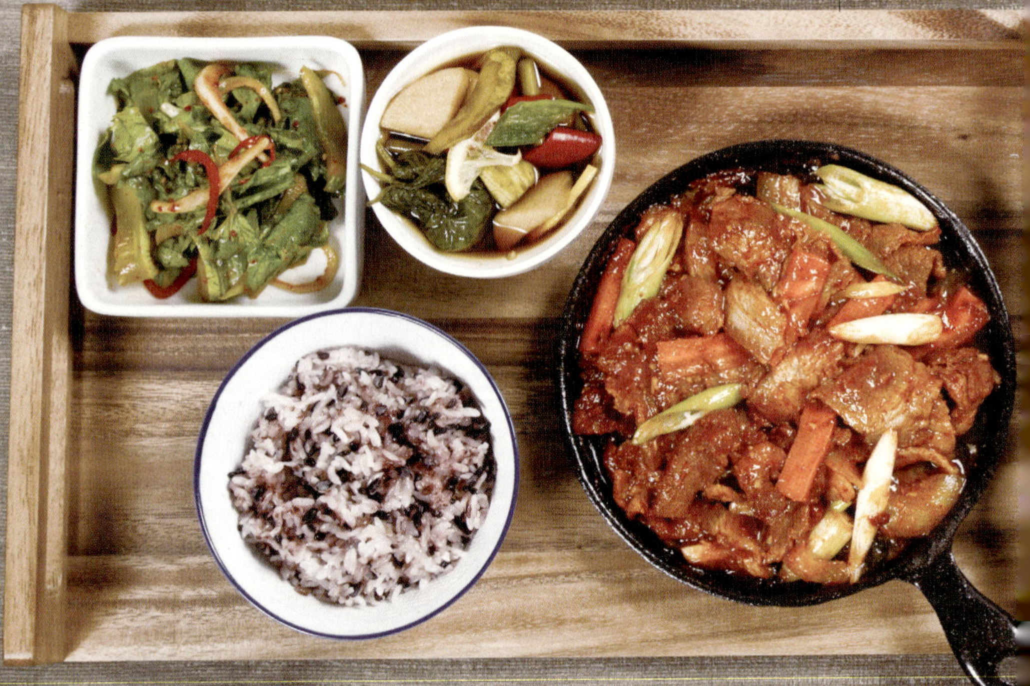

양념장을 분량대로 만들어 볶음 팬에 먼저 넣고
약 불로 끓인다.

끓는 양념장에 양파, 당근을 넣어 볶다가
돼지고기를 넣고 익도록 볶는다.

고기가 익으면 대파를 넣고 통깨를 뿌려낸다.

보편적으로 고기에 양념장을 재웠다가 볶지만 시간이 없을 경우에는 양념장을 끓여 넣으면 된다.
볶음시 부위는 삼겹살이나 앞다리살을 이용한다.

Tip

*Perfect Meal*

# 뚝배기
# 계란
# 찜

2인분 | 15분

계란 2개  다시마육수 1컵  새우살 3~4마리
새우젓국물 1큰술  당근 다진 것 1큰술  쪽파 2줄기
참기름 1작은술  소금 1/3작은술  맛술 2큰술

◀▉▶ 달걀에 다진 당근, 쪽파, 새우살, 새우젓국물, 소금,
맛술을 섞는다.

◀▉▶ 뚝배기에 다시마육수를 넣어 끓으면 불을 줄이고
달걀을 살며시 넣어 준다.

◀▉▶ 중·약 불에서 끓이다가 끓어오르면 불을
끄고 뚜껑을 덮어 뜸을 들인다.

뜸 들일 때 약 불에서 잠깐 두었다가 불을 끄고 부풀 것을 감안하여 둥근 뚜껑을 덮어 놓아야 부풀어 오른다.　　Tip

# 버섯
# **불고기**

2인분 ┃ 30분

**First**
재료준비

쇠고기(등심) 300g  느타리버섯 50g  팽이버섯 1/3봉
쪽파 30g  양파 1/4개  깻잎 5장

**양념장** 간장 3큰술  설탕 2큰술  마늘 1큰술  물 1컵
참기름 1/2큰술  후추 1/4작은술  깨소금 1큰술

**Second**
과정

미리 분량대로 만든 양념장에 재운 고기를
달군 팬에 준비한 야채와 함께 센 불에서
볶아낸다.

마지막으로 쪽파와 팽이버섯, 깻잎을
넣고 볶아낸다.

불고기 양념에서 물을 간장량의 4배 정도 섞어 주어야 부드럽게 간이 들고 센 불에 볶았을 때 짜거나 퍽퍽하지 않다.
양념은 최소 2시간에서 12시간 재워 놓는 것이 좋다.

Tip

# 오징어
## 볶음

2인분 | 25분

**재료준비**

오징어 1마리  양파 1/2개  대파 1대  풋고추 2개
홍고추 1개  고추기름 1큰술  생강, 마늘 1작은술씩

**양념장** 고추장 2큰술  고추가루 1큰술  간장 1작은술
설탕 1/2큰술  물엿 1큰술  마늘 1큰술  참기름 1/2큰술
깨소금 1/2큰술

Second
**과정**

오징어의 내장을 제거하고 껍질을 벗겨
안쪽에 사선으로 칼집을 넣어
4cm, 1cm 폭으로 썬다.

달군 팬에 고추기름을 두르고
생강과 마늘을 넣고 볶다가 양파 > 오징어
> 양념장 > 풋고추, 홍고추 > 대파 순으로 넣고
센 불에서 재빨리 볶아낸다.

오징어는 가로, 세로 섬유질처럼 되어있기 때문에 칼집은 오징어 안쪽에 넣어야 꽃이 핀 듯 예쁘고 질기지 않다.　　Tip

# 8

# The Side dish
# of a week

일주일을 책임지는 밑반찬

'
반찬가게 단골손님에서 벗어날 것!
한 번만 배워 놓으면 평생 써먹을 수 있는
활용도 100%의 밑반찬 요리!
그녀와의 술자리 안주로도 제격～

"이거 내가 만든 반찬이야～"
,

배추걸절이 오뎅볶음 오이간장장아찌 오징어채볶음 돼지고기안심장조림 상추초고추장걸이
깍두기 죽석가지찜 양파채계란말이 견과류멸치볶음 두부조림 무생채

## 1. 멸치 육수

모든 국, 찌개, 조림 등에 사용 가능하다.

● 1단계
멸치는 육수용으로 등쪽은 푸르스름하고 배쪽은 은색 비늘이 있는 것으로 머리와 내장을 분리하여 준비한다.

● 2단계
전자렌지에서 10초간 가열을 하던지 팬에 볶아 낸다.

● 3단계
찬물과 함께 뚜껑을 열고 끓이고 끓기 시작하면 약불로 줄여 5~10분 정도 있다가 면보에 걸른다.

멸치 육수

## 2. 다시마 육수

조림, 국, 찌개 등에 비린내가 적고 감칠 맛이 나는 모든 요리에 널리 사용 가능하다.

● 1단계
다시마의 겉의 하얀가루는 만니톨이라는 맛 성분이므로 물에 씻지 말고 촉촉한 행주에 살짝 닦는다.

● 2단계
밑손질 후 찬물에 넣어 뚜껑을 열고 끓기 직전에 건져내어 육수를 준비한다.

다시마 육수

## 3. 야채 육수

국, 찌개 등 국물요리와 조림 등에 다양하게 사용 가능하다.

● 1단계
다시마, 표고버섯, 무, 당근, 대파, 양파, 대추씨, 피망 등을 큼직하게 썰어 무르도록 삶아 체에 건진다.

● 2단계
육수가 남아 저장하고 싶을 때는 작은 지퍼백 등에 나눠 담아 냉동보관 했다가 사용해도 좋다.

야채 육수

내 남자를 위한 **Advice**

# 초간편
# 육수
# 내기

무, 당근, 양파 등을 깨끗이 씻어 껍질을 벗긴 것을 육수에
함께 넣고 끓인다. 특히 당근은 껍질 쪽에 카로틴이 더욱 많이
함유되어 있고 양파도 겉 노란 껍질에 지방을 분해하는 퀘르세틴이
안쪽 양파 보다 300배 많이 들어 있어 육수에 사용하는 것이 좋다.
대추씨는 향긋한 향과 단맛이 있어 요리에 잡맛과 냄새를
없애주는 효과가 있어 버릴 것이 없고 마늘을 다듬을 때 나오는
마늘귀 등을 모아 육수에 활용하면 경제적이고 버릴 것이 없는
1석2조의 육수를 만들 수 있다.

# 배추
## 겉절이

2인분 ∣ 90분

| First
| 재료준비

배추 1포기  굵은 소금 1/2컵  물 4컵

**양념장** 찹쌀가루 3큰술  물 2/3컵  고추가루 1컵
멸치액젓 4큰술  새우젓 2큰술  설탕 2큰술  통깨 1큰술
마늘 2큰술  생강 2작은술  소금 약간  쪽파 100g

◀■■► 물에 굵은 소금을 분량대로 넣고
배추를 길게 썰어 절인다.

◀■■► 육수에 찹쌀가루를 넣어 풀을 쑤고 미지근할 때
고춧가루를 넣어 미리 불린 후 나머지 양념을 섞는다.

◀■■► 절인 배추를 고춧가루양념장에 버무리면서
쪽파, 통깨를 넣고 마무리한다.

배추는 소금과 물을 1:4~5의 비율로 섞어서 절인다.                    Tip

# 어묵
# 볶음

2인분 | 20분

First
| 재료준비

어묵 300g   양파 1/2개   풋고추 1개   당근 30g   쪽파 30g
고추기름 1큰술   간장 4큰술   설탕 1작은술   물엿 2큰술
마늘 1/2큰술   통깨 1큰술   후추 1/4작은술

◀■◼▶ 끓는 물에 어묵을 데쳐낸다.

◀■◼▶ 달군팬에 고추기름을 두르고
마늘>양파>어묵>고추를 볶아준다.

◀■◼▶ 간장양념장과 쪽파, 통깨, 후추로 마무리한다.

어묵은 끓는 물에 한 번 데치거나 끓는 물을 부어 헹궈야 잡맛을 없앨 수 있다.　　　　Tip

# 오이
# 간장
# 장아찌

2인분 | 40분

| First
| 재료준비

조선오이 5~6개   간장 2/3컵   물 2컵
설탕, 식초 1/3컵씩   건고추 3개
생강편 3쪽   마늘 5톨

간장, 설탕, 식초, 물, 건고추, 마늘, 생강 편를 넣고
한소끔 우르르 끓인다.

뜨거운 간장물을 0.8cm두께로 썬 오이에 붓고
뚜껑을 덮어 밀폐시킨 다음 간장물이 식으면
냉장고에 넣는다.

**마늘종장아찌**
마늘종 1묶음(400g)  톨마늘 6톨
간장 2컵  물 1/2컵  식초, 설탕 1/4컵씩

**양파장아찌**
양파 4개  청양고추 100g  간장 3컵
식초, 설탕 1/2컵씩  소주 1컵

**모듬장아찌**
총각무 1단  오이 2개  샐러리 1/3  대양파 2개
풋고추 10개  홍고추 5개  레몬 1/2개  마늘종 50g
간장 4컵  설탕 2컵  식초 2컵+1/2컵  물 3컵  매실청 1컵

Tip

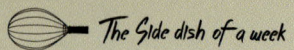 

# 오징어
## 채

2인분 | 15분

| First
**재료준비**

오징어채 200g　고추기름 2큰술

**조림장** 고추기름 2큰술　고추장 2큰술　간장 1큰술
청주 1큰술　설탕 2큰술　물 4큰술　물엿 2큰술

| Second
| 과정

적당히 자른 오징어채를 팬에 고추기름을 두르고
약 불에서 볶는다.

분량대로 조림장을 만들어 약 불에서 졸이다가
오징어채를 넣어 섞어 주고 참기름, 통깨를 뿌려
마무리한다.

너무 높은 온도에서 볶거나 설탕을 많이 넣고 오래 졸이면 오징어채가 딱딱해진다.

Tip

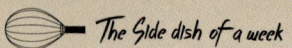

# 돼지고기
# 안심
# 장조림

2인분 | 50분

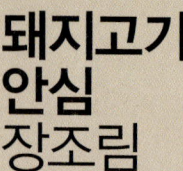

| First
| 재료준비

돼지고기안심 600g  메추리알 100g  통후추 1/2작은술
물엿 1큰술  생강 30g  마늘 4톨  양파 1/2개  대파 1대
건고추 2개  간장7큰술  설탕 3.5큰술  육수 2.5컵

◀━☒ 끓는 물에 통후추, 생강편, 건고추를 넣고 고기를 넣고
핏물이 나오지 않을 때 까지 삶아 준비한다.

◀━☒ 삶은 육수에 간장, 설탕, 생강, 대파, 건고추, 양파를
통으로 넣고 삶은 고기를 넣고 뚜껑을 덮어 끓이다가
삶은 메추리알을 넣는다.

◀◀━☒ 중간에 통마늘을 넣고 국물이 2/3컵 정도 남았을 때
불을 끄고 식으면 먹기 좋게 고기를 찢어
남은 양념장, 참기름, 통깨를 넣고 무쳐낸다.

# 상추
# 초고추장
## 겉절이

2인분 | 15분

**First**
## 재료준비

상추 100g  양파 1/2개  홍고추 1개  오이 1개

**양념** 초고추장 4큰술  고추가루 2큰술  통깨 1큰술
참기름 1/2큰술

**Second**
## 과정

상추는 손으로 뜯어 놓고 양파, 홍고추채는
썰고 오이는 어슷하게 편썰기한다.

미리 준비한 양파, 홍고추, 오이에 양념장을
먼저 무친 후 상추를 넣고 살짝 버무린다.

치커리, 쑥갓, 부추로 재료를 다양하게 바꿔서 같은 양념으로 무쳐도 야채의 특유의 맛을 즐길 수 있다.    Tip

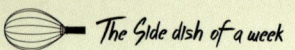 *The Side dish of a week*

# 깍두기

2인분 ▌50분

First
**재료준비**

무 1.5kg  굵은 소금 1/2컵  쪽파 100g

**양념** 고추가루 2/3컵  멸치액젓 4큰술  마늘 3큰술
생강 1/2큰술  황설탕 1큰술  매실청 1큰술
새우젓 2큰술

Second
**과정**

무는 깨끗이 씻어 사방2.5cm정도로 썰어
소금에 30분 내외로 절인다.

무에 고춧가루를 골고루 비벼가며
고춧가루 물을 들인 후 나머지 양념을 넣고
버무린 후 쪽파를 넣는다.

김치통에 담아 하루 정도 실온에서 맛을 들이다가 냉장 보관한다.
빨리 익혀 먹고 싶을때는 찹쌀풀을 쑤어 양념에 버무리기도 한다.
무가 들어가는 깍두기, 알타리무김치, 배추김치에는 새우젓을 넣어야 익어서 시원한 맛을 낸다.

Tip

*The Side dish of a week*

# 즉석
# 가지
## 지짐

2인분 ┃ 10분

### First
### 재료준비

가지 2개  들기름 3큰술

**양념장** 간장 3큰술  식초 2큰술  맛술, 설탕 1.5큰술씩
매실 1큰술  고추가루 1큰술  통깨 1큰술
마늘, 다진 파 1/2큰술씩  홍고추 1큰술

◀◼▶ 가지는 세로로 길게 반 갈라 토막낸 후
어슷하게 칼집을 3cm 간격으로 넣는다.
(끝이 약간 붙어 있을 정도로 깊게 칼집을 넣는다.)

◀◼▶ 팬을 달군 후 들기름을 식용유 3 : 1로 두르고
가지를 앞, 뒤로 중불에서 지져낸다.

◀◼▶ 양념장을 분량대로 만들어 지진 가지에 양념을 끼얹어
중불에서 간이 스며들게 잠깐 지져낸다.

들기름을 사용하면 더 구수하다.                                           Tip

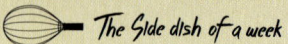

# 애호박
## 나물

2인분 | 15분

First
## 재료준비

애호박 1개  식용유 적당량

**양념장** 맛간장 3큰술 또는 진간장 2큰술  깨소금 1큰술
소금 1/2작은술  고추가루 1/2큰술  파 2큰술
마늘 1/2큰술  참기름 또는 들기름 1큰술  후추 약간

Second
과정

◀━━ 애호박을 링으로 0.7cm 정도로 썰어
달군 팬애 기름을 두르고 노릇하게 지져 낸다.

◀━━ 맛간장 3큰술에 나머지 양념을 분량대로 만들어
지진 호박을 무친다.

---

애호박은 절이지 않고 바로 팬에 노릇하게 구워 무친다.

# 왕야채
# 계란말이

2인분 | 20분

### First
### 재료준비

달걀 5개  표고버섯 1개  양파, 당근, 옥수수 20g씩
대파 1/2대  청주(미림) 1큰술  우유 3큰술  후추 약간
전분 1/2큰술  소금 1작은술  모짜렐라치즈 30g

◉▭▷ 달걀은 미리 잘 풀어 체에 걸러
다진 당근, 양파, 대파, 표고버섯과 섞는다.

◉▭▷ 청주, 전분, 우유, 소금, 후추를 풀어놓은
계란과 잘 혼합한다.

◉◀▷ 달군 사각팬에 기름을 두르고 달걀물을 조금씩 부어
접어가며 두툼하게 만다. 마지막 말기 전에
모짜렐라치즈를 솔솔 뿌리고 접어 약 불에서 은근히
표면이 노릇하게 지져낸 후 식힌 후 먹기 좋게 자른다.

전분을 넣어주면 계란을 말 때 단단하게 모양을 잡을 수 있고 계란 누린내를 제거할 수 있다.　　　Tip

# 견과류 멸치 볶음

2인분 | 25분

지리멸치 2컵  아몬드 2큰술  호박씨 2큰술
고추기름 2큰술  마늘 2쪽  풋고추 1개  홍고추 1/2개

**조림장** 간장 1작은술  설탕 2큰술  물엿 3큰술
청주 2큰술  참기름, 통깨 1/2큰술씩

| Second
**과정**

◀
기름을 두르지 않은 팬에 지리멸치를
약불에서 볶아 식혀 비린내를 없앤다.

◀▮▶
팬에 고추기름을 두르고 마늘을 볶다가
멸치에 넣고 고추기름향을 입힌다.

◀▮▶
팬에 조림간장을 넣고 끓으면 고추와 미리
볶아 놓은 멸치, 볶은 호박씨, 아몬드
슬라이스, 참기름, 통깨를 넣어 마무리 한다.

멸치를 팬에 살짝 볶아내어 비린내를 제거하는 대신 전자렌지에 10여초 돌려서 양념에 볶아줘도 된다.

Tip

# 두부
## 조림

2인분 ▎ 30분

**First**
**재료준비**

두부 1모   소금 1작은술   쪽파 30g

**양념장** 간장 3큰술   설탕 1/2큰술   물엿 2큰술
마늘 1/2큰술   대파 1큰술   참기름 1/2큰술
통깨 1/2큰술   후추 약간   물 1/2컵

◀■▶ 두부는 두께 1cm로 넓적하게 썰어서
소금을 뿌려 놓았다가 팬에 지진다.

◀■▶ 팬에 기름을 넉넉히 두르고 노릇하게 지져서 놓는다.

◀■▶ 냄비에 두부를 깔고 켜켜이 양념장을 고루 뿌린 후
물을 잘박하게 붓고 뚜껑을 덮고 약 불에서 서서히
조리다가 쪽파를 얹어 낸다.

취향에 따라 양념장에 고춧가루를 섞어도 된다.　　　　　　　　　　　　　　　　Tip

# 무생채

2인분 | 15분

First
**재료준비**

무 800g쪽파 30g
**양념장** 고추가루 3큰술   멸치액젓 3큰술   통깨 1큰술
소금 1작은술   마늘 2큰술   설탕 1/2큰술
들기름 또는 참기름 1큰술   생강 1/2큰술

5cm길이로 채썬 무에 고춧가루를 버무려 물을 들인다.

고춧가루 물이 들면 나머지 양념을 넣어 골고루
버무리면서 쪽파, 통깨를 넣고 들기름이나 참기름을
마지막에 넣어 무친다.

# ⁹Healing food

아플 때 위로, 기운나는 요리

'

지친 심신을 달래주고
컨디션 난조를 극복해줄
정성을 담은 힐링 요리

오늘 하루 그녀와 당신의
바이오리듬을 조절해보자!

,

## 지퍼백 활용법

- 스테이크나 육류를 마리네이드 할 때 사용한다.

- 생선을 마리네이드 하거나 밑간을 재울 때 사용한다.

- 야외에서 기구가 모자라거나 손으로 양념을 무치기 어려울 때 지퍼백에 주재료와 양념을 넣고 살살 버무려주면 편리하다.
- 양념한 불고기 등을 냉동실에 나누어 보관할 때 사용한다.
- 토마토페이스트, 다진 마늘, 다진 생강 등을 냉동보관 할 때 넣고 공기를 빼고 납작하게 한 후 칼등으로 초코렛처럼 등분낸 자국을 내서 얼리면 쓸 만큼 자르때 편하게 나누어 쓸 수 있다.

## 냉동실 보관법

고기: 1개월~3개월 이내    생선: 15일~1개월    냉동육수: 1개월    야채: 3개월~6개월

## 냉장실 보관법

쇠고기: 3일 전후    돼지고기: 2일    생선: 1~2일    채소류: 1주일 ~2주일

## 채소류 보관법

- **근채류, 엽채류**
다듬지 않은 상태에서 신문지로 서로 겹치지 않게 말아서 물을 분무하여 비닐팩에 넣어 냉장보관한다.
- **양배추, 양상추**
뿌리 부분을 칼로 도려내어 축축한 신문지를 박아 넣듯이 랩으로 포장하여 냉장보관한다.
- **무, 오이, 호박, 대파, 부추**
수분이 많은 채소는 마른 신문지에 싸서 비닐팩에 넣어서 보관한다.
- **콩나물**
빛에 노출되면 노란콩색이 푸른 빛으로 변하므로 검은 비닐봉지에 담아 둔다.
- **감자**
서늘하고 어두운 곳에 보관하며 한 여름에는 검은 비닐봉지에 담아 냉장보관한다.

내 남자를 위한 **Advice**

# **지퍼백** 활용법
# &
# 야무진 **보관법**

# 야채
## 닭죽

2인분 | 20분

## 재료준비

닭가슴살 1캔  밥 1/2공기  당근, 양파 30g씩
애호박 30g  새송이버섯 30g  참기름 1큰술
소금 2작은술  깨소금, 김가루 1큰술씩  물 4컵

**Second**
**과정**

냄비에 참기름을 두르고 찬밥을 넣어 으깨듯 볶아준다.

야채를 넣고 함께 볶다가 물을 붓고 닭살을 넣어
중불에서 푹 끓여준다. 완성되면 소금으로 간을 하고
갈은 깨와 참기름을 넣어 마무리한다.

*Healing food*

# 들깨
# 수제비탕

2인분 | 30분

멸치육수 3컵  감자 1개  국간장 1/2큰술
소금 1/3작은술  수제비 200g  거피한 들깨 3큰술
들기름 1큰술

◀🎀▶ 달군 냄비에 들기름이나 참기름을 두르고
감자를 달달 볶다가 국간장, 멸치육수를 붓고 끓인다.

◀🎀▶ 들깨가루를 육수 2~3큰술에 미리 넣어 개어 놓았다가
육수에 넣는다.

◀🎀▶ 감자가 익으면 수제비를 넣고 끓여낸다.

수제비는 밀가루에 소금과 물을 넣어 말랑하게 반죽한 후 냉장고에서 20~30분 숙성 시켜 사용하면 된다.
시간이 없을 경우 반조리 제품인 수제비와 들깨가루를 구입하여 사용하면 된다.

Tip

# 연포탕
# & 누룽지

2인분 | 35분

**First**
**재료준비**

낙지大 1마리  무 100g  바지락, 누룽지 200g씩
청양고추 2-3개  대파, 배추잎 1대  마늘 1작은술
소금 1큰술  미나리 30g

**양념장** 북어머리 2마리  양파 1/2개  바지락 100g
마른고추 2개  참치액젓 1작은술  청주 1큰술  물 8컵

◀◗ 냄비에 물 8컵을 붓고 바지락, 건고추, 양파를 넣고
육수를 푹 끓이다가 청주, 액젓을 넣어 잡맛을 없앤 후
걸러낸다.

◀◀◗ 전골냄비에 육수를 붓고 끓이면서
무와 배추줄기, 청양고추를 넣는다.

◀◀◀◗ 낙지와 미나리, 대파를 넣고 마늘, 소금으로 간을 맞춘 후
불을 바로 끈다. 다 먹으면 남은 국물에 누룽지를 넣어
구수하고 시원하게 먹는다.

*Healing food*

# 포테이토
# 우유치즈
# 구이

2인분 | 30분

| First
| 재료준비

감자 5개   우유 500cc   모짜렐라치즈 200g
소금, 후추 약간씩   버터 15g

 오븐용기에 버터를 골고루 바른 후 얇게 저민 감자를
촘촘히 깔고 소금, 후추를 조금 뿌린다.

 감자 위에 모짜렐라치즈를 얇게 펴 바른다.

 다시 감자를 촘촘히 깔고 소금, 후추를 뿌리고
모짜렐라치즈를 뿌린 후 우유를 붓고 180℃의 오븐에서
20~30분간 굽는다.

오븐기능의 전자렌지로도 가능하다.

Tip

# 마달걀
## 탕

2인분 | 20분

| First
| 재료준비

마 200g 　달걀 2개 　팽이버섯 1/4봉 　쪽파 3줄기
육수 3컵 　간장 1큰술 　소금 1작은술 　맛술 1큰술

**육수** 가쓰오부시 10g 　다시마 사방 7cm 　멸치 5마리
물 4컵 　간장 1큰술 　소금 1작은술 　맛술 1큰술

찬물에 다시마와 멸치를 넣고 끓인다.
다시마는 끓기 직전에 건져내고 멸치는 끓기 시작하면
약 불로 줄여서 5분 정도 더 끓이다가 불을 끄고
가쓰오부시를 넣고 5~10분 후에 걸러낸다.

마는 강판에 갈아 준비한다.

갈아 놓은 마에 푼 달걀을 섞어 육수에 붓고
한소끔 끓인 후 쪽파를 넣고 불을 끈다.

장이 좋지 않거나 소화기능이 떨어질 때 효과적이라 어르신들께 맞춤건강식이다.

Tip

*Healing food*

# 전복죽

2인분 ｜ 35분

## First
**재료준비**

전복大 2마리  불린 쌀 2컵  참기름 1큰술  물 10컵

## Second
**과정**

◀█ 손질한 전복에 물을 넣고 5분정도 끓인다.
끓은 물은 육수로 사용한다.

◀█▶ 전복을 일부분 얇게 저며 채썰고
일부분은 곱게 다진다.

◀█▶ 냄비에 참기름과 다진 전복을 볶다가
쌀을 넣어 잠시 볶는다.
육수와 쌀뜨물을 붓고 다시 푹 끓인다.

# ✏ Healing food

## 당근
### 스프

2인분 ∣ 30분

**First**
재료준비

당근 1개  감자 2개  양파 1/2개  버터 2큰술
우유, 생크림 1컵씩  물(치킨스탁) 3컵

◄■▶ 달군 팬에 버터를 두르고 당근, 감자를 볶다가
양파를 색이 나도록 볶는다.

◄■▶ 물을 붓고 푹 끓여 믹서기에 곱게 간다.

◄■▶ 우유와 생크림을 넣고 한소끔 끓인 후
소금, 후추로 간을 맞춘다.

당근은 유방암, 자궁암에 좋은 것으로 알려져 있다.

Tip

Healing food

# 감자
## 스프

2인분 | 25분

First
**재료준비**

감자 4개  버터 2큰술  찬밥 1/2공기  베이컨 1장
물(치킨스탁) 3컵  우유 2컵  소금, 후추 적당량

Second
**과정**

달군 냄비에 버터를 넣고 감자를 볶다가
물을 붓고 찬밥을 넣고 끓인다.

푹 무르면 믹서기로 곱게 갈아준 후
우유를 붓고 한소끔 끓여 그릇에 담아낸다.

베이컨은 팬에 기름을 빼서 굵게 다져 위에 올리는 방법과 가늘게 채썰어 오븐에 넣어 기름기를 빼 올리는 방법이 있다.　Tip

# 브로콜리
## 스프

2인분 | 20분

**First**
재료준비

브로콜리 1송이  양파 1/2개  생크림 300cc  우유 400cc
버터 2큰술  소금, 후추 약간씩  감자 1개  물 3컵

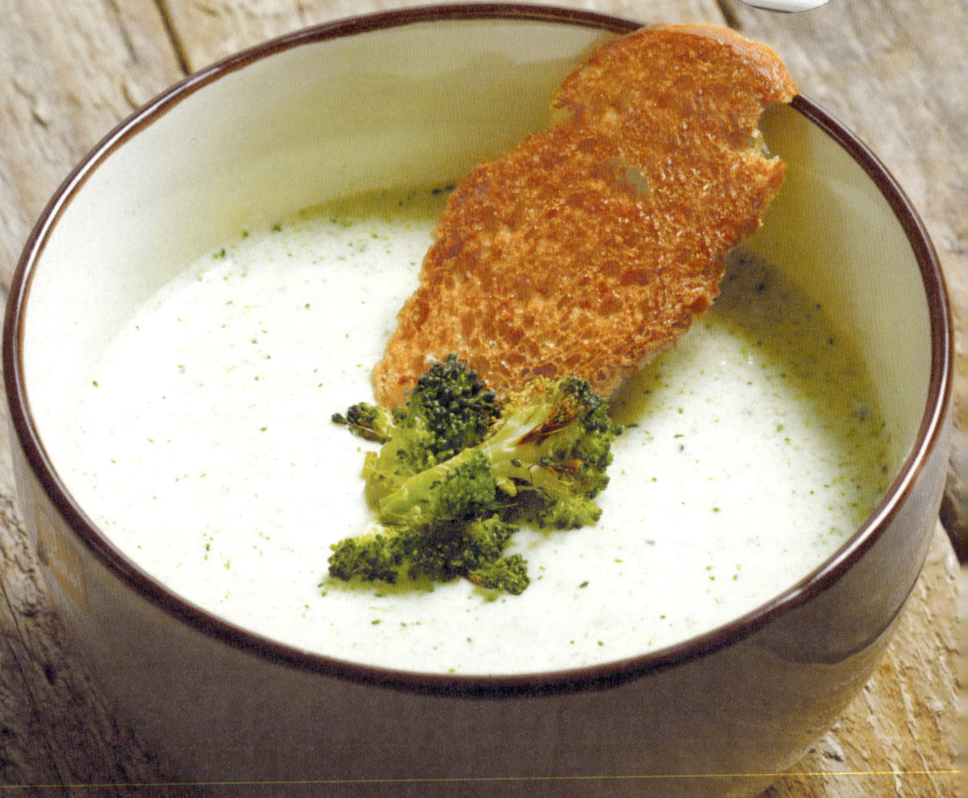

Second
과정

달군 팬에 버터를 넣고 양파, 감자와 적당히 자른 브로콜리를 넣고 숨이 죽을 정도로 볶다가 물을 넣고 감자가 무르도록 끓인다.

곱게 갈아서 우유, 생크림을 넣고 한소끔 끓여 소금, 백후추로 간을 한다.

브로콜리는 줄기 부분에 영양소가 많으므로 편썰어 함께 사용한다.

Tip

# 타락죽

2인분 | 30분

| First
재료준비

쌀 1/2컵  우유 2컵  물 2컵
소금 적당량  설탕 1/2작은술

Second
과정

두꺼운 냄비에 곱게 갈아 놓은 쌀과 물을 붓고 끓인다.

쌀알이 퍼지기 시작하면 우유를 조금씩 붓고
덩울이 없이 끓이다가 소금, 설탕을 곁들여낸다.

더 쉽고 빠르게 죽을 쑤기 위해서는 찬밥 1공기를 물과 함께 끓이다가 곱게 갈아 준 후 우유를 넣고
농도를 맞추어 기호에 따라 소금, 설탕을 넣어 먹을 수 있다.　　　　　　Tip

*Healing food*

# 배꿀
## 찜
2인분 | 60분

| First
재료준비

배 1개  생강편 3~4쪽  꿀 4큰술

◄▣►◄ 배를 꼭지 부분을 냄비의 뚜껑처럼 윗부분을
도려낸다. 생강은 껍질을 벗겨 얇게 편 썬다.

◄▣►◄ 배의 속 부분을 파 낸 후
생강편을 밑에 깔고 꿀을 넣는다.

◄▣►◄ 도려낸 윗부분을 덮어 찜솥에서 김이
나기 시작하면 약 불로 줄여서 30~40분 찐다.

◄▣►◄ 베보자기나 면보로 즙을 낸 후
1/3컵 정도씩 3~4번에 나누어 따끈하게 데워 먹는다.

---

**배숙** 배 1개  생강 30~40g  통후추 1작은술

**방법**
● ○○생강은 껍질을 벗겨 얇게 썬 다음 물 3컵과 함께 푹 끓인다.
● ● ○배는 껍질을 벗겨서 꽃본으로 찍어서 가운데 통후추를 박는다.
● ● ●끓은 생강을 걸러낸 후 황설탕, 꿀을 넣고 통후추가 박힌 배를 넣고
배 향이 우러나오록 중~약 불에서 푹 끓인다.

Tip

Healing food

# 가스파쵸

2인분 | 15분

### First
## 재료준비

토마토 1과 1/2개  양파, 오이 1/3개씩
붉은 파프리카 1/2개  올리브오일 3큰술
야채육수 1/4~1/2컵

### Second
## 과정

토마토는 콩카세하여 다른 재료와 함께
굵게 다진다.

브랜더에 다진 재료와 올리브오일,
야채육수를 붓고 곱게 갈아 차게 먹는다.

---

가스파쵸는 냉장고에 차게 보관하여먹는다.
토마토 콩카세란? 토마토 껍질에 十으로 칼집을 넣어 끓는 물에 굴리거나 직화로 구워 껍질을 벗기는 것을 말한다.

Tip

## 냉장고에 사용하는 용기

일률적인 사각투명 용기가 좋다. 크기가 다른 용기들로 채워진 냉장고는 찾기와 넣기, 무엇이 들어있고 남아있는지 파악하기가 어렵고 데드스페이스가 생기기 마련이다.

## 냉장고에 메모지 또는 식품 영수증 부착

냉장고에 있는 식재료를 먼저 표시하고 사용 후 삭제해 나가면서 구입해야 하거나 필요한 식재료를 기재함으로써 중복해서 구입하거나 냉장고 안에서 상해서 버리는 실수를 줄일 수 있다.

## 냉장 · 냉동실 보관한 식품의 레벨 작업

유통기한, 식재료, 전처리 등을 표시하는 레벨 작업이 필요하다. 냉동실에 언제, 무엇을 어떻게 손질하고 전처리 한 것을 넣었는지, 유통기한을 표시해 둠으로써 무한정 보관하다가 상하거나 포화상태에 이르지 않게 할 수 있는 방법이다.

## 냉동실에 보관하는 식품은 진공포장

냉동실 보관에는 자리를 덜 차지하면서 재료를 덜어 사용하고 남은 것을 냉동하듯 재료량이 변함에 따라 보관할 수 있는 애니락 같은 제품을 공기를 확실히 차단하여 진공 포장상태로 세워 놓으면 공간확보와 유통기한의 부담을 줄일 수 있다.

## 냉장, 냉동고의 보관 위치를 고려할 것

신선도와 보관기관을 고려하여 냉장, 냉동고의 위치에 따라 보관하는 것이 효과적이다. 냉장실 문쪽은 열고 닫음에 따라 온도의 영향을 많이 받으므로 건조품 등을 일정한 크기의 사각통에 담아 문쪽에 음료수, 물등과 함께 보관하는 것이 좋고 작은 용기일 경우 우유팩이나 작은 박스를 이용하여 정리하는 것이 보관과 찾기 등이 효율적이고 1회용 소스(토마토케찹, 파마산치즈가루, 타바스코소스 등)를 보관하는 것이 좋다. 냉장실 아래쪽은 허리를 굽혀서 찾아야하는 불편감과 잘 보이지 않는 단점이 있으므로 자주 꺼내지 않는 식품들을 넣어 두는 것이 좋다. 자주 꺼내어 쓰는 재료나 반찬, 유통기한이 짧은 것은 자기 눈높이에 맞추어 보관하는 것이 좋다.

## 자주 이용하는 반찬통

매끼마다 꺼내는 반찬통은 쟁반과 같은 사각받침을 이용하여 정리하면 꺼내기가 손쉽고 미리 반찬을 준비하고 외출해야하는 경우에도 효과적이고 혼자 빠른 시간에 밥상을 차려야하는 직장인, 아이들에게도 효과적인 방법이다.

## 용기에 따른 식품 보관법

마요네즈, 토마토케찹은 쓰고 남은 것을 다음에 쓰기 쉽게 입구가 아래를 향하도록 통에 담아 보관하고 치약과 같은 튜브형의 와사비, 겨자 등의 소스는 치약짜는 듯이 집게를 사용하여 뚜껑을 열면 바로 나올수 있도록 집어놓는다.

내 남자를 위한 **Advice**

# 냉장고
# 경제적으로
## 활용·관리하는 법